Espaço

CB007166

Blucher

SÉRIE SUSTENTABILIDADE

JOSÉ GOLDEMBERG

Coordenador

Espaço

VOLUME 8

JOSÉ CARLOS NEVES EPIPHANIO
EVLYN MÁRCIA LEÃO DE MORAES NOVO
LUIZ AUGUSTO TOLEDO MACHADO

Espaço
© 2010 José Carlos Neves Epiphanio
        Evlyn Márcia Leão de Moraes Novo
        Luiz Augusto Toledo Machado
Editora Edgard Blücher Ltda.

Blucher

Rua Pedroso Alvarenga, 1.245, 4º andar
04531-012 – São Paulo – SP – Brasil
Tel.: 55 (11) 3078-5366
editora@blucher.com.br
www.blucher.com.br

Segundo Novo Acordo Ortográfico, conforme 5. ed.
do *Vocabulário Ortográfico da Língua Portuguesa*,
Academia Brasileira de Letras, março de 2009.

É proibida a reprodução total ou parcial por quaisquer
meios, sem autorização escrita da Editora.

Todos os direitos reservados pela
Editora Edgard Blücher Ltda.

Ficha Catalográfica

Epiphanio, José Carlos Neves
  Espaço / José Carlos Neves Epiphanio, Evlyn
Márcia Leão de Moraes Novo, Luiz Augusto
Toledo Machado. -- São Paulo: Blucher, 2010. --
  (Série sustentabilidade; v. 8 / José
  Goldemberg, coordenador)

ISBN 978-85-212-0572-2

  1. Desenvolvimento sustentável 2. Exploração
espacial (Astronáutica) 3. Tecnologia espacial
4. Vôos espaciais I. Novo, Evlyn Márcia Leão de
Moraes. II. Machado, Luiz Augusto Toledo.
III. Goldemberg, José. IV. Título. V. Série.

10-12159   CDD-629.435

Índices para catálogo sistemático:
1. Exploração espacial: Espaço exterior:
Tecnologia   629.435

Apresentação

Prof. José Goldemberg
Coordenador

O conceito de desenvolvimento sustentável formulado pela Comissão Brundtland tem origem na década de 1970, no século passado, que se caracterizou por um grande pessimismo sobre o futuro da civilização como a conhecemos. Nessa época, o Clube de Roma – principalmente por meio do livro *The limits to growth* [*Os limites do crescimento*] – analisou as consequências do rápido crescimento da população mundial sobre os recursos naturais finitos, como havia sido feito em 1798, por Thomas Malthus, em relação à produção de alimentos. O argumento é o de que a população mundial, a industrialização, a poluição e o esgotamento dos recursos naturais aumentavam exponencialmente, enquanto a disponibilidade dos recursos aumentaria linearmente. As previsões do Clube de Roma pareciam ser confirmadas com a "crise do petróleo de 1973", em que o custo do produto aumentou cinco vezes, lançando o mundo em uma enorme crise financeira. Só mudanças drásticas no estilo de vida da população permitiriam evitar um colapso da civilização, segundo essas previsões.

A reação a essa visão pessimista veio da Organização das Nações Unidas que, em 1983, criou uma Comissão presidida pela Primeira Ministra da Noruega, Gro Brundtland, para analisar o problema. A solução proposta por essa Comissão em seu relatório final, datado de 1987, foi a de recomendar um padrão de uso de recursos naturais que atendesse às atuais necessidades da humanidade, preservando o meio ambiente, de modo que as futuras gerações poderiam também atender suas necessidades. Essa é uma visão mais otimista que a visão do Clube de Roma e foi entusiasticamente recebida.

Como consequência, a Convenção do Clima, a Convenção da Biodiversidade e a Agenda 21 foram adotadas no Rio de Janeiro, em 1992, com recomendações abrangentes sobre o novo tipo de desenvolvimento sustentável. A Agenda 21, em particular, teve uma enorme influência no mundo em todas as áreas, reforçando o movimento ambientalista.

Nesse panorama histórico e em ressonância com o momento que atravessamos, a Editora Blucher, em 2009, convidou pesquisadores nacionais para preparar análises do impacto do conceito de desenvolvimento sustentável no Brasil, e idealizou a *Série Sustentabilidade*, assim distribuída:

1. População e Ambiente: desafios à sustentabilidade
   Daniel Joseph Hogan/Eduardo Marandola Jr./Ricardo Ojima

2. Segurança e Alimento
   Bernadette D. G. M. Franco/Silvia M. Franciscato Cozzolino

3. Espécies e Ecossistemas
   Fábio Olmos

4. Energia e Desenvolvimento Sustentável
   José Goldemberg

5. O Desafio da Sustentabilidade na Construção Civil
   Vahan Agopyan/Vanderley Moacyr John

6. Metrópoles e o Desafio Urbano Frente ao Meio Ambiente
   Marcelo de Andrade Roméro/Gilda Collet Bruna

7. Sustentabilidade dos Oceanos
   Sônia Maria Flores Gianesella/Flávia Marisa Prado Saldanha-Corrêa

8. Espaço
   José Carlos Neves Epiphanio/Evlyn Márcia Leão de Moraes Novo/Luiz Augusto Toledo Machado

9. Antártica e as Mudanças Globais: um desafio para a humanidade
   Jefferson Cardia Simões/Carlos Alberto Eiras Garcia/Heitor Evangelista/Lúcia de Siqueira Campos/Maurício Magalhães Mata/Ulisses Franz Bremer

10. Energia Nuclear e Sustentabilidade
    Leonam dos Santos Guimarães/João Roberto Loureiro de Mattos

O objetivo da *Série Sustentabilidade* é analisar o que está sendo feito para evitar um crescimento populacional sem controle e uma industrialização predatória, em que a ênfase seja apenas o crescimento econômico, bem como o que pode ser feito para reduzir a poluição e os impactos ambientais em geral, aumentar a produção de alimentos sem destruir as florestas e evitar a exaustão dos recursos naturais por meio do uso de fontes de energia de outros produtos renováveis.

Este é um dos volumes da *Série Sustentabilidade*, resultado de esforços de uma equipe de renomados pesquisadores professores.

Referências bibliográficas

MATTHEWS, Donella H. et al. *The limits to growth*. New York: Universe Books, 1972.

WCED. *Our common future*. Report of the World Commission on Environment and Development. Oxford: Oxford University Press, 1987.

Prefácio

José Carlos Neves Epiphanio
Evlyn Márcia Leão de Moraes Novo
Luiz Augusto Toledo Machado

O espaço exterior à Terra tem sido objeto de admiração pelo homem há milênios. O seu estudo e observação a partir da Terra, sem instrumentação, ocorre há muitos séculos, mas de uma forma sistemática e instrumentada, há apenas alguns séculos. Porém, somente há algumas décadas é que o homem passou a colocar artefatos no espaço para o estudo mais aprofundado do universo e também para auxílio da sua vida na Terra. E, hoje, é quase inimaginável que consigamos viver sem o auxílio dos instrumentos que estão no espaço: televisão, comunicação, transporte aéreo, previsão do tempo, sistemas posicionamento global, monitoramento e estudo do planeta e seus recursos etc. Assim, com esse domínio do espaço, o homem conseguiu ampliar em muito sua capacidade de uso e entendimento tanto do universo exterior como da própria Terra.

Portanto, para escrever sobre "espaço" foi necessário que se delimitasse o escopo do texto. Assim, este livro trata de uma pequena parte das atividades do homem relacionadas ao espaço, que é aquela relacionada ao sensoriamento remoto e à meteorologia. Para tanto, procurou-se traçar um histórico do empreendimento humano perseguido a duras penas – com sucessos e fracassos, ousadia e competição – rumo à conquista do espaço, com todas as consequências benéficas ao homem moderno.

Após esse panorama científico-tecnológico histórico, mostra-se como o Brasil inseriu-se nesse empreendimento e como o País está organizado para continuar sua empreitada nos vários segmentos espaciais, notadamente quanto à meteorologia e à observação da Terra. Mostra-se de forma abrangente a cooperação com China na construção e operação do principal programa de observação da Terra do País – os satélites CBERS (Satélite Sino-Brasileiro de Recursos Terrestres).

Depois, fornecem-se as bases conceituais teóricas para a meteorologia e o sensoriamento remoto, em que se apresentam as principais variáveis e métodos utilizados nesses dois grandes campos do conhecimento. Isso é feito de modo sucinto, porém abrangente.

Nas partes finais do livro apresentam-se exemplos de aplicações práticas dos sistemas espaciais e seus benefícios para a meteorologia e observação da Terra. Descrevem-se casos do uso de satélites para previsão do tempo, monitoramento de desflorestamento, detecção de queimadas etc.

O País tem um vasto horizonte para o crescimento no segmento espacial. Tendo dimensões continentais, uma costa de mais de 8.000 quilômetros, uma imensa diversidade biofísica, uma população em contínuo processo de amadurecimento educacional, o Brasil só tem a ganhar com um programa espacial à altura de sua complexidade.

Conteúdo

1 Observando a Terra do espaço – elementos históricos

1.1 O significado da tecnologia espacial

O impacto da tecnologia espacial sobre a história humana ainda não foi totalmente avaliado. No século XXI, as atividades espaciais afetam a vida diária de bilhões de pessoas de vários modos. Como muitos produtos estão profundamente difundidos no modo de vida do século XXI, não nos damos conta de que sua origem esteve vinculada ao desafio científico de primeiro vencer a gravidade, depois controlar aeronaves e espaçonaves intrinsecamente instáveis à distância. Hoje, os sistemas espaciais desempenham diversas funções importantes para as sociedades humanas, seja no tocante às atividades de segurança nacional, comunicação governamental, corporativa e pessoal, ao uso comercial de sistemas de navegação e posicionamento, a sistemas de previsão de tempo, sistemas de previsão de safras, sistemas de monitoramentos por sensoriamento remoto, sem mencionar a abertura de novas janelas para a observação do universo.

Essas atividades não são significativas apenas pelo seu impacto direto sobre a sociedade, mas também pelos desafios intelectuais e tecnológicos que representaram e continuam representando, o que as torna fonte de inovação com consequências que estão além do setor espacial. O Conselho Nacional de Ciência (National Research Council) dos Estados Unidos recomendou recentemente o fortalecimento da pesquisa científica e da pesquisa em engenharia espacial para manter o fluxo de novas ideias e seu estímulo à atividade econômica (NRC, 2007). Portanto, o desenvolvimento de tecnologia espacial também despertou para o significado do desenvolvimento científico e tecnológico como fator de desenvolvimento econômico. As nações que investiram frações significativas de seu Produto Interno Bruto em ciência, e particularmente em ciência e tecnologia espacial (Estados Unidos, Japão, União Soviética, Coreia, China e Índia), consolidaram-se como potências tradicionais ou emergentes.

A humanidade encontra-se inserida na chamada **era da informação** – período da história contemporânea caracterizado pela rápida movimentação de pessoas e mercadorias no espaço geográfico, e pela transferência quase instantânea de informação entre lugares, independentemente das distâncias envolvidas. Essa era começou com os satélites de comunicação e se consolidou a partir de 1990 com a ampliação do acesso à internet. Se fosse possível mapear o DNA dos grandes avanços científicos do século XX, provavelmente seria demonstrado que estes compartilham, em algum grau, os "genes" da chamada pesquisa espacial e de seus desdobramentos tecnológicos. A leitura atenta da história da era espacial (NASA, 1961; TOMAYKO, 2000; RUMERMAN, 2009) mostra que não houve área do conhecimento humano que não tenha sido arejada pela pesquisa espacial, sobretudo porque esse grande empreendimento do século XX mudou o modo de fazer ciência e tecnologia. E, inegavelmente, mudou a percepção humana do mundo e de seus modos de explorar a realidade.

De modo bem simplificado, pode-se dizer que a tecnologia espacial amplificou os sentidos humanos. Com sensores a bordo de satélites de observação da Terra, o homem consegue olhar mais longe e abarcar, num único instante, amplas regiões da superfície terrestre. Com esse novo olhar, o homem pode perceber conexões entre eventos distantes no espaço e conceber o planeta, não mais como uma colcha de retalhos, mas como um sistema. Ele consegue também ampliar a faixa espectral de sensibilidade, tornando possível a percepção de radiações para além do visível, o que lhe tornou possível, efetivamente, ver o invisível.

Com os satélites de comunicação o homem também amplificou sua capacidade de ouvir e ser ouvido, de ver e de ser visto, e, com isso, intensificaram-se as interações e trocas de informação entre quaisquer pontos da superfície terrestre. As noções de tempo e espaço relativo e de conectividade tornaram-se mais relevantes do que as de espaço absoluto.

Os satélites de posicionamento global permitiram ao homem ampliar sua capacidade de orientação espacial, tornando-o capaz de se posicionar conscientemente no território percorrido e, portanto, aumentando sua capacidade de atuar racionalmente sobre ele. Questões caras ao século XXI, como a capacidade de suporte do planeta em face do crescimento econômico, mudanças climáticas, teleconexões e aquecimento global, entre outras, nem ao menos teriam sido pensadas, se não fosse pelo alcance dessa nova forma de olhar o mundo.

1.2 Geopolítica e tecnologia espacial – o papel das guerras do século XX no avanço da tecnologia espacial

A história da conquista do espaço até a segunda metade do século XX foi conduzida por duas nações como parte das disputas pela hegemonia bélica, econômica e ideológica do planeta: os Estados Unidos da América (EUA) e a União das Repúblicas Socialistas Soviéticas (URSS).

A mais complexa luta do século XX foi a Guerra Fria, que alimentou, de certa forma, o programa espacial, uma vez que militares de ambos os blocos competiram por vantagens geopolíticas, influência política e superioridade tecnológica.

Ainda na década de 1950, União Soviética e Estados Unidos anunciaram a intenção de avanço do conhecimento sobre o espaço como parte de seus planos de expansão de poder político. Quando os primeiros satélites e cargas úteis foram lançados, o discurso oficial foi o de que o objetivo dessas ações era puramente científico. Entretanto, a interpretação corrente é a de que ambos os países estavam usando seus programas espaciais como demonstração do poder das ideologias que defendiam: o socialismo soviético e o capitalismo norte-americano. Os soviéticos usaram seu sucesso inicial para ganhar o apoio de países europeus para o bloco oriental, enquanto os Estados Unidos tornaram-se o polo do bloco ocidental, embora tivessem incluído em sua esfera de influência os países que viriam a se tornar nos anos 1990 os chamados **tigres asiáticos**.

No século XXI, alguns analistas sugerem que outra corrida espacial está sendo gestada, agora entre a China e os Estados Unidos. Desde o início do programa espacial da China, o modelo adotado envolveu pioneirismo, desenvolvimento, reforma, revitalização e cooperação internacional. A indústria chinesa foi desenvolvida a partir de uma infraestrutura industrial, científica e tecnológica praticamente inexistente. Em meio século, a China alcançou o nível de um dos países mais avançados no tocante à recuperação de satélites, sistemas de lançamento múltiplo de satélites, propulsão criogênica, satélites geoestacionários, sistemas de rastreamento e controle de satélites, satélites de sensoriamento remoto e telecomunicações, experimentos em microgravidade e desenvolvimento de naves espaciais tripuladas. O Partido Comunista Chinês anunciou o envio de uma missão à Lua por volta de 2020, o que levou a Nasa a retomar seu programa de missões tripuladas à Lua, com a previsão de retornar ao solo lunar em 2020.

Enquanto o conhecimento sobre a história norte-americana da conquista do espaço encontra-se bem documentado e público, a história das conquistas soviéticas ainda é bastante fragmentada, como fragmentada se tornou a própria união após a queda do muro de Berlim em 1989. Grande parte do avanço do conhecimento básico e da tecnologia dessas duas nações tem sua origem nos avanços científicos e tecnológicos oriundos de outra disputa de poder, aquela que se deu durante a Segunda Guerra Mundial entre as potências do Eixo, lideradas pela Alemanha e as nações aliadas, que temporariamente colocaram lado a lado Estados Unidos e União Soviética. A aliança estratégica entre esses dois países contra as potências do Eixo terminou com o fim da guerra, quando inicialmente protagonizaram a disputa homem a homem pelo espólio científico da Alemanha e, depois, a disputa pela conquista do espaço.

Segundo Bille e Lishock (2004), ao término da Segunda Guerra Mundial, cerca de 10 toneladas de documentos foram transportados para os Estados Unidos, incluindo projetos, relatórios, registros de produção e resultados de testes de lançadores. Mas o mais importante foi a transferência para a América dos responsáveis pelo desenvolvimento das pesquisas e da tecnologia de foguetes. O fim da guerra marcou o início da Guerra Fria, caracterizada pela corrida armamentista, pela propaganda ideológica e pela busca do domínio de tecnologias estratégicas, dentre as quais, a tecnologia espacial.

O primeiro passo dessa disputa tivera início antes do fim da guerra, com a disputa pelo domínio da tecnologia desenvolvida na Alemanha. Os relatos históricos indicam que, nessa disputa, os Estados Unidos levaram vantagem, pois conseguiram contratar Wernher von Braun e sua equipe para trabalharem no desenvolvimento de mísseis para as forças armadas norte-americanas. Wernher von Braun fora o responsável pelo desenvolvimento dos mísseis balísticos para as forças armadas germânicas durante a guerra e detinha conhecimentos estratégicos que foram rapidamente aproveitados primeiro pelo exército norte-americano e, posteriormente, com a criação da Nasa em 1958, para o desenvolvimento da geração de lançadores que possibilitaram a chegada do homem à Lua.

A Nasa foi criada no contexto da Guerra Fria para dar visibilidade às aplicações civis dos produtos desenvolvidos por motivos de segurança nacional. Os Estados Unidos, por não terem combatido em seu próprio território, ao contrário da União Soviética, que teve de investir em ampla reconstrução de sua infraestrutura, saíram fortalecidos da Guerra. O Produto Interno Bruto (PIB) norte-americano passou de 200 bilhões de dólares durante o período da guerra, para 300 bilhões em 1950 e meio trilhão de dólares em 1960, o que lhe permitiu o financiamento dessa grande aventura. Enquanto isso, a União Soviética estava se recuperando da imensa devastação da guerra e da morte de 20 milhões de soldados. Apesar disso, pode-se dizer que a indústria soviética saiu fortalecida da corrida espacial embora faltasse ao país a ampla base de tecnologia de manufatura e experiência de gerenciamento que permeava cada indústria dos Estados Unidos.

A importância estratégica do domínio espacial no contexto da Guerra Fria fica evidente pelo volume de recursos que foi investido nessa corrida. A Figura 1.1 mostra o número de pessoas que trabalhou no programa espacial norte-americano. Esse número é um indicador não apenas do vigor da economia norte-americana, mas também dos benefícios privados e públicos trazidos pela pesquisa espacial. Para que essa quantidade de pessoas pudesse ter sido mobilizada em menos de uma década nessa empreitada, há que se considerar todo o trabalho anterior de capacitação de cientistas e engenheiros ligados à pesquisa e tecnologia aeronáuticas. Tais pessoas permaneceram por anos e anos empenhadas na construção, teste e aperfeiçoamento de toda a parafernália tecnológica que permitiu o homem ir à Lua, e quando o programa foi descontinuado, foram aplicar seu conhecimento em outras atividades, gerando tecnologias que fazem parte da paisagem do século XXI.

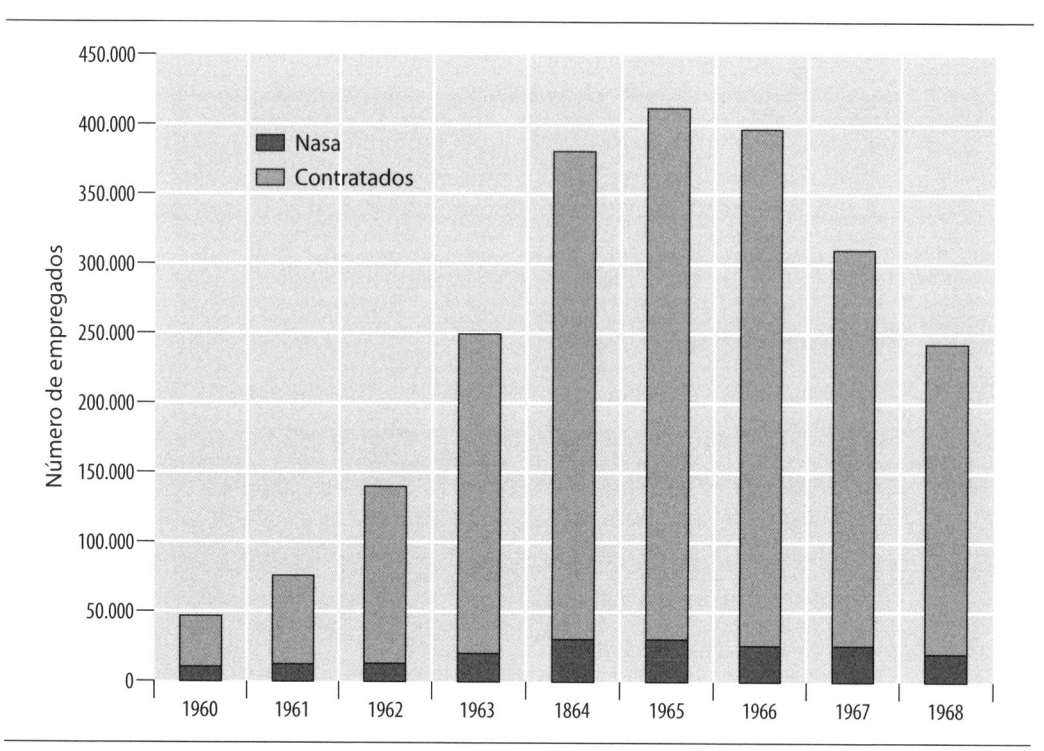

FIGURA 1.1 – Número de pessoas empregadas em projetos relativos às atividades espaciais.
Fonte: Adaptado de Ezel, 1988.

Do lado da União Soviética, o programa espacial teve a seu favor o regime de governo centralizado e totalitário. O interesse de Stalin em apoiar o desenvolvimento dos foguetes durante o pós-guerra foi fundamental para o programa espacial, embora seu interesse fundamental fosse o desenvolvimento de mísseis balísticos intercontinentais.

Como a história é contada pelos vencedores, muito do que se tem registrado é a versão norte-americana. O grande êxito do modelo norte-americano deveu-se à estratégia de transferir para a sociedade os benefícios dos investimentos voltados ao aumento do seu poderio militar e bélico, e com isso ampliar a rede de conhecimento que permitiu gerar mais conhecimento e mais benefícios sociais.

Nos Estados Unidos, em decorrência do caráter democrático do Estado norte-americano, a pesquisa e o desenvolvimento direcionados à conquista do espaço envolveram cientistas e engenheiros da área militar e civil, integrando não apenas órgãos governamentais, mas universidades públicas e privadas e o setor industrial. A análise da Figura 1.1 deixa claro que a equipe da Nasa representou uma porcentagem pequena do total de recursos envolvidos na conquista do espaço. A estratégia de integrar os diferentes componentes da sociedade no processo não apenas garantiu o desenvolvimento rápido da tecnologia, como também abriu espaço para que esse conhecimento fosse rapidamente disseminado na sociedade e aproveitado por outros campos de atividade.

Os investimentos em pesquisa, laboratórios e recursos humanos, e a existência prévia de uma indústria aeronáutica sólida constituíram-se em fatores fundamentais para o êxito norte-americano de conquista do espaço. A abordagem adotada na realização desse objetivo consistiu de:

1. estabelecimento de metas claras e graduais de domínio de conhecimento e tecnologia;

2. identificação de lacunas de conhecimento;

3. investimento na capacitação de recursos humanos para responder aos desafios necessários ao avanço científico e tecnológico;

4. integração de competências de diferentes origens na realização de projetos estratégicos;

5. transferência de tecnologia para o setor industrial;

6. fomento de inovação tecnológica no setor industrial via contratos do governo;

7. revisão periódica de metas e de desempenho das atividades com correção de rumos) desde o primeiro plano decenal (1976) até o mais recentemente publicado (NASA, 2007).

Um exemplo dessa estratégia é dado pela política de construção de veículos lançadores durante a primeira década de atuação da Nasa (1958-1968). Esses lançadores eram uma mistura de sistemas disponíveis na área militar com inovações introduzidas pela Nasa e pela indústria aeronáutica durante a década de 1960. Durante sua primeira década de operação, a Nasa desenvolveu e usou 22 diferentes tipos de lançadores, mas, ao término desse período inicial de experimentação e desenvolvimento, apenas nove novos veículos foram testados e lançados na década seguinte por duas razões: a tecnologia de construção de lançadores não reaproveitáveis já estava dominada e madura; era o momento de concentrar o lançamento em um pequeno número de sistemas confiáveis e começar a pesquisar formas mais baratas de se colocarem veículos no espaço, com o teste de sistemas de lançamento reaproveitáveis.

Outro aspecto fundamental é que, no centro da disputa pelo domínio do espaço, surgiu o que foi o embrião da internet. Em decorrência do caráter estratégico das informações científicas e tecnológicas de projetos de interesse militar é que surgiu uma rede de comunicação, a ArphaNet, que garantiria a comunicação entre bases militares dos Estados Unidos, mesmo que o Pentágono fosse destruído por um míssil. Hoje, a rede mundial de computadores está tão intimamente associada às mais variadas formas de atuar no mundo contemporâneo que é difícil imaginar que, há menos de duas décadas, ela não existia.

Seriam necessárias milhares de páginas para dar conta dos vários aspectos dessa história. O que se apresenta a seguir é apenas uma breve narrativa, baseada em algumas referências fundamentais, entre a quais, destaca-se o livro fascinante de Bille e Lishock (2004), *The first space race: lauching the world's first satellites*, o relatório escrito por Tomayko (2000) sobre a história da introdução de computadores no controle de aeronaves e que mostra como a pesquisa aeronáutica esteve intimamente atrelada ao desenvolvimento de aspectos básicos da astronáutica e vice-versa, os vários volumes do *NASA historical data book*, a detalhada cronologia compilada por Eugene M. Emme (NASA, 1961), com anotações quase diárias dos avanços científicos e tecnológicos que contribuíram para tornar possível a exploração do espaço. Outro livro fundamental é o de Butrica (1997), em comemoração ao cinquentenário do lançamento do primeiro satélite de telecomunicações, *Beyond the ionosphere: fifty years of satellite communication.*

Nada relatado a seguir é original. Tudo foi resumido ou condensado dessas referências. Para que o texto ficasse mais fluente, foram evitadas citações constantes, ficando, entretanto, creditado a esses autores o que houver de informação original neste capítulo.

1.2.1 Da teoria à tecnologia

Numa época em que se assiste pela televisão ou pela internet ao passeio de um robô pela superfície de Marte, astronautas realizando experimentos nas Estações Espaciais e anúncios de viagens turísticas ao Espaço, torna-se difícil imaginar quão desafiadores foram os primeiros passos dessa conquista.

A ideia de colocar um satélite artificial em órbita da Terra não surgiu no século XX (BILLE; LISHOCK, 2004). Os princípios básicos da mecânica orbital tinham sido lançados em 1600 pelo astrônomo alemão Johannes Kepler (1571-1630) e registrados em 1609 na obra *Nova astronomia*, na qual apresentava as leis matemáticas que descreviam as órbitas elípticas. Foi Kepler que, em 1610, criou o nome *satélite* para descrever os pequenos corpos descobertos por Galileu na órbita de Júpiter.

Em 1686, Isaac Newton terminou seu trabalho *Philosophiae naturalis principia mathematica*. Ele havia descoberto que as leis de Kepler permitiam, em teoria, o desenvolvimento de satélites artificiais. Deduziu que se um projétil pudesse ser dotado de velocidade suficiente, sua trajetória não o traria de volta à Terra, mas o colocaria em órbita do planeta. Essa ideia, plantada por Kepler e nutrida por Newton, iria florescer três séculos mais tarde para dar origem aos primeiros grandes programas científicos para desenvolvimento de foguetes: o programa soviético, o programa alemão e o programa norte-americano.

Para que esses programas florescessem, dois tipos de perfis foram necessários: os visionários, que pudessem galvanizar o imaginário das novas gerações, e os construtores, que pudessem transformar teorias em produtos materiais (máquinas, equipamentos, processos). Na Rússia, Konstantin Tsiolkovsky seria o visionário e Sergey Korolev seria o homem a coordenar a construção dos equipamentos a partir das teorias e equações desenvolvidas pelo primeiro. Na Alemanha, o teórico foi Hemann Oberth, e o construtor foi Wernher Von Braun. Nos Estados Unidos, ao que parece, tanto o visionário quanto o construtor estiveram presentes em um único homem: Robert H. Goddard.

Qualquer estudo sobre a conquista do espaço deve começar com Konstantin Edvardovich Tsiolskovsky (1857-1935). Ele foi o primeiro a conceber projetos de aviões a jato, chegando a construir um túnel de vento em miniatura em sua casa para testar seus modelos. Tsiolskovsky baseou-se em Newton e Kepler para concluir que seria possível construir satélites e espaçonaves. Em 1895, ele escreveu sobre a possibilidade de se construírem satélites artificiais, trabalho que ficou desconhecido pelo mundo ocidental até meados do século XX. Apresentou também as bases teóricas do voo espacial e da mecânica orbital em dois artigos publicados em 1903 e 1911.

Tsiolskovsky expandiu as ideias de Newton aplicando o conhecimento acumulado sobre gravidade, atmosfera e propulsão desenvolvido desde a época de Newton. Com isso, ele foi capaz de calcular a velocidade necessária para impulsionar um objeto, de modo que houvesse equilíbrio entre movimento e gravidade para mantê-lo em órbita acima da atmosfera. Em seus estudos, também concluiu que apenas um foguete muito grande e potente teria condições de propelir um satélite para além da atmosfera. São dele as primeiras pesquisas sobre combustíveis para produzir a energia necessária para acionar esse foguete espacial, chegando à conclusão de que a combinação de hidrogênio (combustível) e oxigênio líquidos (comburente) seria a mais eficiente. Ele também derivou as equações de propulsão, a fundamentação matemática necessária para descrever a aceleração do foguete, e como ele seria capaz de impulsionar uma espaçonave a uma alta velocidade. A equação em si não era nova, mas ele foi o primeiro a mostrar como ela poderia ser aplicada a foguetes a serem usados em viagens espaciais.

Entre muitas de suas outras ideias, Tsiolskovsky também especulou sobre os meios para manter a vida no espaço, projetou grandes foguetes e estações espaciais, e desenvolveu a teoria de foguetes de estágios múltiplos, um dos aspectos essenciais da exploração espacial.

Os foguetes também não eram uma ideia nova. Na verdade, era muito antigo o uso de foguetes na China, remontando a 1.045 d.C. Nos séculos posteriores, os foguetes tornam-se comuns na América e Europa e na Rússia, sendo usados para fins militares (bombardeio e sinalização). Todos eram construídos com um projeto comum: um tubo cheio de combustível sólido, alinhado na ponta e com ignição na base. Inicialmente, todos os foguetes eram feitos com pólvora compactada. Entretanto, a propulsão gerada por esse e por vários outros tipos de combustíveis testados era muitas ordens de magnitude menor do que a necessária para colocar um satélite em órbita.

Muitos avanços seriam necessários, principalmente envolvendo os foguetes baseados em propelentes líquidos, para tornar os voos espaciais uma realidade. Embora o trabalho de Tsiolskovsky fosse pouco conhecido fora da Rússia, ele inspirou vários engenheiros, entre os quais Sergei Pavlovich Korolev, um engenheiro formado na Escola Técnica de Moscou, com experiência na construção de planadores e aviões.

Korolev foi introduzido à teoria de foguetes por volta de 1930 por intermédio de Frerich Tsander, que o convidou para desenvolver um motor de foguete com propulsão líquida. Tsander tinha projetado aviões de sucesso e acreditava que o futuro da aviação estaria em aviões propulsionados por foguetes, e que as espaçonaves seriam uma evolução natural da aeronáutica. Outra personagem importante dessa história foi Valentin P. Glushko, que em 1928 trabalhava como engenheiro no Laboratório de Dinâmica de Gases de Leningrado, quando desenvolveu foguetes para a artilharia, projetou motores com propelentes líquidos e construiu modelos de sistemas de propulsão elétrica, uma ideia muito à frente de seu tempo.

Nesse processo, outro ator a se destacar foi Mikhail Tikhonravov, um engenheiro aeronáutico que liderou o lançamento de um foguete com propelente misto, o que garantiu aos soviéticos a liderança inicial no lançamento de foguetes com instrumentos meteorológicos para sondagem atmosférica.

Antes que o mundo tomasse conhecimento dos desenvolvimentos da União Soviética, de forma independente, o alemão Hermann Oberth e o norte-americano Robert Goddard duplicaram muitos desses achados.

Hermann Oberth submeteu à Universidade de Heidelberg, em 1922, a tese *O uso de foguetes para viagens espaciais*, mas esta foi rejeitada porque o tópico foi considerado pouco adequado a um programa científico. Oberth, entretanto, não desistiu de suas ideias e transformou o texto de sua tese num livro que se tornou bastante popular. Apesar de muitos acadêmicos continuarem a desprezar suas ideias, seu livro gerou um grande debate sobre a viabilidade técnica de se construírem foguetes. Durante sua carreira, ele trabalhou intensamente para popularizar as ideias de viagem espacial, escrevendo um livro mais completo chamado *Ways to space travel*.

À semelhança de Tsiolskovsky, Oberth acreditava na necessidade de se desenvolver combustível líquido para os foguetes. Ele também acreditava na necessidade de se construir um sistema que permitisse o descarte sucessivo dos tanques vazios de propelentes, dando origem ao conceito de foguete espacial em múltiplos estágios. Como resultado de sua correspondência com Tsiolskovsky, Oberth tinha conhecimento de que as ideias dos russos eram anteriores às suas, dando amplo crédito a eles em suas publicações. Ele foi o grande divulgador das pesquisas russas no Ocidente.

Em 1930, Oberth lançou o primeiro modelo-teste desenvolvido por ele com um motor baseado em propelente líquido. Ele tinha alguns estudantes da Universidade Técnica de Berlim que participaram do projeto, entre os quais, Werner Von Braun. Ele não sabia que um foguete com propelente líquido já havia sido testado nos Estados Unidos, em 1926, pelo físico Robert H. Goddard.

Goddard era cientista e queria construir um foguete que pudesse ser transformado em uma ferramenta científica confiável para colocar sensores a altitudes superiores às alcançadas pelos balões, de modo a obter dados que permitissem caracterizar as propriedades da alta atmosfera. Pode-se dizer, dessa maneira, que ele foi o precursor das ideias que levaram à construção dos primeiros satélites meteorológicos. Goddard começara seus experimentos bem antes da primeira guerra mundial, testando sistemas com combustível sólido. Em 1914, ele já havia obtido a primeira patente norte-americana de um foguete de dois estágios.

Com os vários avanços em termos de altura e distância do alcance de seus modelos, Goddard começou a despertar o interesse das Forças Armadas. Entretanto, esse interesse ficou bastante diminuído a partir de 1918 com o armistício, sem a necessidade imediata de aplicação militar de mísseis. Como a motivação de Goddard transcendia a aplicação militar, ele continuou pesquisando por conta própria e terminou por desenvolver um modelo baseado em combustível líquido. Esse modelo alcançou uma altitude superior a 1 km e permaneceu ativo por cerca de dois segundos. Goddard estimou que sua velocidade fosse cerca de 100 km/hora. Por conta desses experimentos de Goddard, muitos dos historiadores norte-americanos consideram 1926 como o início da era espacial, quando ele lançou, com sucesso, o primeiro foguete baseado em combustível líquido, uma vez que foi o domínio dessa tecnologia que permitiu alcançar a fronteira do espaço.

Outro evento importante no período anterior à Segunda Guerra Mundial, no tocante à pesquisa de foguetes espaciais, foi o nascimento de um novo centro de excelência em pesquisa de lançadores. Em 1936, Theodore von Kárman, diretor do Laboratório Guggenheim de Aeronáutica do Instituto de Tecnologia da Califórnia – Guggenheim Aeronautical Laboratory at the California Institute of Technology (Galcit) – propôs a Frank Malina o desenvolvimento de foguetes para transporte de instrumentos em voos suborbitais. Em 1939, o grupo liderado por Malina teve financiamento da National Academy of Science para o desenvolvimento de um sistema de propulsão a jato – Jet-Assisted Take Off (JATO) – para auxiliar aviões muito pesados a levantarem voo. O programa recebeu o nome de Jet Propulsion Research e foi tão bem-sucedido que os membros da equipe formaram a empresa Aerojet General Corporation, com o objetivo de construir jatos.

Com o início da II Guerra Mundial e o acesso a informações sobre o desempenho dos foguetes balísticos alemães, formalizou-se a criação do Jet Propulsion Lab – Laboratório de Propulsão a Jato –, que passou a receber recursos das forças armadas com a missão de superar a potência e o alcance dos mísseis alemães. A partir dessa data, o JPL tornou-se muito mais independente da área de pesquisa do California Institute of Technology (Caltech) e mais atrelado aos objetivos militares das forças armadas.

Enquanto o programa do Caltech ainda estava em sua infância, o de Robert Goddard tinha avançado e ele já tinha conseguido desenvolver o foguete P-23, o modelo mais adiantado de sua época, exceto pelos sistemas classificados (militares) desenvolvidos pelos alemães. Apesar do êxito de Goddard, as forças armadas mostraram pouco interesse por seu trabalho. Quando morreu, em 1945, ele tinha 214 patentes relativas à tecnologia de lançadores, incluindo avanços na estabilização por giroscópios, métodos de refrigeração das câmaras de combustão, controles de voo, sistemas de recuperação de carga útil, entre outros.

Na Inglaterra, a British Interplanetary Society também teve um papel importante no desenvolvimento das ideias que embasaram a corrida espacial. Um dos seus dirigentes, Arthur Clark, publicou, em 1945, um artigo intitulado "Wireless World", em que demonstrava a utilidade de se colocarem satélites de comunicação em órbitas geossíncronas (ou geoestacionárias). Essas órbitas são a base para os satélites de comunicação atuais.

1.2.2 Os primórdios da exploração do espaço

Do ponto de vista prático, o avanço científico e tecnológico que levou à era espacial não foi um esforço isolado, não foi uma busca solitária; foi, sim, uma ação de Estado. A importância estratégica da tecnologia espacial fica evidente quando se observa o poderio militar norte-americano derivado do domínio de tecnologias espaciais, que incluem o uso de satélites de posicionamento global – Global Positioning Systems (GPS) –, que permitem localizar e posicionar instalações militares a partir de satélites, e satélites de comunicação, que permitem a interação entre soldados e comando mesmo em locais remotos. Os satélites são essenciais para o sucesso no lançamento de mísseis de precisão. Segundo dados publicados por Lamb (2006), cerca de 5.000 mísseis foram disparados contra o Afeganistão, cujo apontamento foi determinado por sistemas de posicionamento a laser, instalados em satélites.

Como reconheceu Emme (NASA, 1961), esse avanço sempre respondeu ao interesse estratégico das forças armadas norte-americanas, traduzido em recursos humanos e financeiros que, ainda no início do Século XX (1907), permitiram transformar o protótipo dos irmãos Wri ght no primeiro avião para uso militar.

O desenvolvimento da aeronáutica (ciência e tecnologia que permite a locomoção no espaço circunscrito à atmosfera terrestre) pavimentou seu desenvolvimento na medida em que, associados às aeronaves, foram desenvolvidos equipamentos e processos que foram paulatinamente aproveitados para a conquista do espaço. Outro aspecto de grande importância é que, muito cedo, o uso de aeronaves para fins militares não teve como objetivo o transporte de tropas ou o bombardeio do terreno inimigo. Essas aplicações foram vislumbradas posteriormente. O interesse inicial foi o de observar o território inimigo à distância e levantar informações que permitissem planejar novas ações. Para isso, os aviões precisavam ter sistemas sensores a bordo para registrar, de modo perene, as características do território inimigo, desvendando a grande utilidade da observação da Terra a partir de alturas crescentes.

A análise da cronologia organizada por Eugene M. Emme em 1961 sobre as conquistas científicas e tecnológicas em aeronáutica e astronáutica entre 1915 e 1960 (NASA, 1961) permite compreender como a estratégia nacional de **conquista do espaço** pavimentou a transformação dos Estados Unidos na potência hegemônica do fim do século XX e início do século XXI (NASA, 2008). Um aspecto interessante nessa cronologia que antecede à criação da NASA é que o exército e a marinha foram os grandes financiadores desses avanços. E, ao mesmo tempo, os avanços da aeronáutica criaram a base industrial e tecnológica para alicerçar o desenvolvimento da pesquisa e tecnologia espaciais.

Com o início da Primeira Guerra Mundial (1914-1918) houve grande investimento no aperfeiçoamento da frota militar, o que implicava aviões mais rápidos, mais estáveis, mais econômicos, com maior capacidade de transporte de carga e mais segurança de voo, entre outras características. Como esses esforços estavam dispersos e, portanto, eram ineficientes, criou-se a National Advisory Committee of Aeronautics (NACA) – Comitê Consultor Nacional de Aeronáutica – em 1915 com a missão de supervisionar e dirigir a pesquisa científica voltada à solução de problemas práticos da aviação.

Uma das primeiras tarefas desse comitê foi identificar as lacunas de conhecimento e a necessidade de capacitação de recursos humanos para a pesquisa e o desenvolvimento da aeronáutica e da astronáutica. Como resposta a essa necessidade, foi criado ainda no ano de 1915 o curso de graduação em Engenharia Aeronáutica no Massachusetts Institute of Technology (MIT). Antes do término da guerra, foram contabilizados os seguintes avanços:

a) sistema para pilotagem automática;

b) câmeras aéreas com lentes adequadas para a obtenção de fotos à altitude de 1 a 2 km;

c) hidroaviões;

d) sistemas de estabilização das aeronaves;

e) sistemas de radiocomunicação entre aeronaves e entre as aeronaves e torres de comando a distâncias crescentes;

f) serviço de pesquisa e aplicação meteorológica para garantir a segurança da frota;

g) desenvolvimento de materiais leves para a construção das aeronaves;

h) desenvolvimento de laboratórios de integração e testes de sistemas em solo para reduzir o risco de falha de voos experimentais;

i) escola de medicina aeronáutica com o objetivo de estudar em condições de solo as respostas fisiológicas humanas a situações de baixa pressão e alta altitude, como preparação para a utilização de aviões a altitudes extremas;

j) escritório de inteligência aeronáutica para coligir e distribuir informações científicas e tecnológicas sobre aeronáutica;

l) experimentos iniciais de lançamento de mísseis;

m) criação de protocolos para padronização de procedimentos no processo de pesquisa e desenvolvimento ligados ao avanço da aeronáutica.

Um aspecto que fica evidente da leitura dessa cronologia é a transferência da tecnologia para uso civil, visto que as forças armadas, mesmo sem a iminência de guerra, continuavam a investir no desenvolvimento de motores mais potentes, novos sistemas de propulsão e sistemas mais precisos de controle de aeronave. Um exemplo disso é que, em 1921, foi realizado o primeiro voo de um avião militar com cabine pressurizada (para atender às sugestões dos estudos sobre as respostas fisiológicas humanas em situações de baixa pressão). Esse conhecimento, ao ser transferido para a iniciativa privada, permitiu seu aperfeiçoamento e utilização comercial em menos de duas décadas (1938), quando a Boeing inaugurou o seu primeiro avião comercial com cabine pressurizada. Essa grande permeabilidade entre ciência, desenvolvimento tecnológico e a iniciativa privada permitiu uma rápida apropriação pela sociedade dos benefícios da pesquisa aeronáutica e espacial, e, com isso, a percepção de que investimentos em ciência tinham impactos econômicos.

O interesse estratégico militar, entretanto, foi o fator que mobilizou um volume imenso de recursos para a pesquisa de lançadores e mísseis, os quais posteriormente foram aproveitados para o lançamento de satélites e naves espaciais tripuladas. Segundo Tomayko (2000), o primeiro grupo de pesquisa e desenvolvimento de foguetes balísticos, que deram origem aos atuais lançadores, foi reunido pelo governo do III Reich como parte das estratégias da expansão germânica em território europeu. Data dessa época, também, os primeiros sistemas de controle de atitude, que formaram a base para o uso de computadores analógicos na estabilização de aeronaves. Tais sistemas já tinham, nessa época, os componentes básicos dos futuros sistemas digitais que foram usados em espaçonaves. Tais componentes eram: sensores, computador central e informação para a navegação.

Apesar de os mísseis terem controle ativo já na década de 1940, muito investimento em pesquisa foi necessário para que se pudesse transferir a ideia de controle de mísseis para o controle de um módulo lunar. Os sistemas de controle de mísseis tinham um papel passivo durante as fases mais complexas de sua trajetória, ou seja, na subida e na descida. Essa assistência era dada por grandes estabilizadores verticais colocados na base do míssil. À medida que esses mísseis entravam em ou saíam de regiões em que a atmosfera era mais densa, a estabilidade que possuíam era ajustada à pressão atmosférica.

No caso do módulo lunar, o problema era mais complexo porque não seria possível contar com a ajuda da aerodinâmica. O módulo lunar foi projetado para operar ao longo de toda a missão em ambiente sem atmosfera. Assim sendo, foi necessário desenvolver todos os sistemas de controle. Nesse caso, a astronáutica beneficiou-se dos avanços da aeronáutica, visto que a velocidade de cruzeiro havia dobrado no período pós-guerra e a engenharia havia abandonado os projetos que buscavam o aumento da estabilidade inerente, e passado a desenvolver modelos inerentemente instáveis, sem que isso representasse mais carga de trabalho para os pilotos. Com isso, a ênfase dos projetos passou do aumento da estabilidade da aeronave para o aumento das opções de controle.

As soluções mecânicas e hidráulicas mostraram-se inicialmente adequadas, mas bastante limitadoras de seu desempenho em termos de velocidade, capacidade e manejo. Esses sistemas de controle, entretanto, formaram a base do que viria a ser o controle de bordo por computadores (TOMAYKO, 2000). Os sistemas ativos de controle utilizam computadores que não apenas monitoram as alterações de atitude da espaçonave, mas também utilizam modelos numéricos para gerar os comandos necessários para sua correção instantânea.

As narrativas sobre a conquista do espaço passam a impressão de que a ciência e a tecnologia tinham alcançado graus de maturidade similares, porém independentes, nos dois blocos hegemônicos, e que ambos estavam preparados para enviar o primeiro satélite ao espaço já na segunda metade da década de 1950. No entanto, os soviéticos lançaram o Sputnik I em 04 de outubro de 1957, e o Sputnik II, com uma carga útil para a realização de experimentos em biomedicina e radiação solar três meses antes do lançamento do Explorer I (31 de janeiro de 1958), o primeiro satélite lançado pelos norte-americanos.

Entre 1957 e 1960 foi registrado o lançamento de 34 satélites norte-americanos e nove satélites da União Soviética. Enquanto, nos Estados Unidos, o programa espacial ganhava forma com os esforços sistemáticos para desenvolver os componentes necessários para colocar satélites no espaço e enviar espaçonaves tripuladas para a realização de experimentos em órbita da Terra, na União Soviética também havia a concentração de esforços para colocar uma espaçonave na órbita da Terra e trazê-la de volta à superfície. Isso era um passo essencial para garantir a sobrevivência da tripulação. Para isso, os lançadores precisavam ser confiáveis, os sistemas de telecomunicação que permitissem acompanhar e comandar da Terra os procedimentos em órbita teriam de ser também garantidos. Além disso, as espaçonaves tripuladas precisavam ter mecanismo de controle de atitude para retornar à órbita e colocar-se na posição de reentrada na atmosfera. Essa tecnologia já era disponível, mas ainda não totalmente provada para arriscar vidas humanas no fim da década de 1950. Esse esforço foi realizado entre 1957 e 1960.

A Figura 1.2 permite observar a distribuição desses satélites ao longo do tempo, e mostra que, não obstante o pioneirismo soviético de colocar o primeiro satélite em órbita, esse feito foi rapidamente suplantado pelos Estados Unidos. Houve, para isso, a contribuição decisiva da criação, em 1958, da Nasa, a qual passou a coordenar os esforços entre os diferentes agentes do processo.

A Tabela 1.1 lista os satélites e sondas lançados no período entre 1957 e 1960, cujos objetivos foram parcialmente ou totalmente alcançados. O que se observa é que os Estados Unidos tiveram uma posição mais agressiva, testando vários modelos de lançadores, cumprindo diferentes objetivos científicos, e também testando diferentes tipos de órbitas e cargas úteis. Nessa primeira fase, pelo menos três objetivos fundamentais foram cumpridos: criou-se a base para operacionalizar os satélites de comunicação e os satélites meteorológicos, dominou-se a tecnologia de lançadores confiáveis e, finalmente, desenvolveu-se a tecnologia de recuperação de módulos espaciais em órbita.

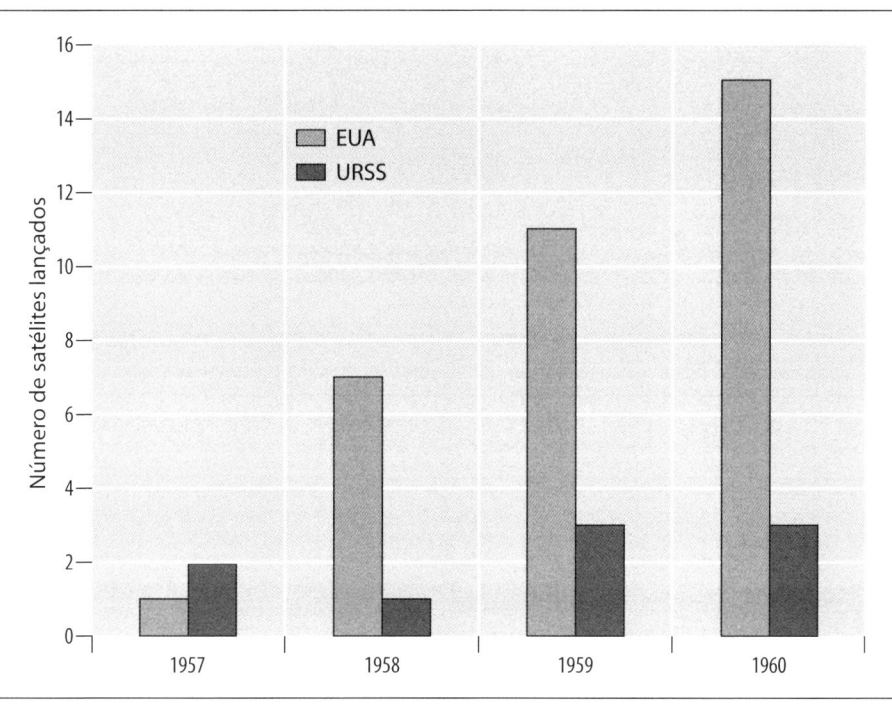

FIGURA 1.2 – Lançamentos de satélites pelos Estados Unidos e pela União Soviética entre 1957 e 1960.
Fonte: Nimmen et al. 1976.

No breve período entre 1957 e 1960, os dados coletados por esses satélites experimentais mostraram enorme potencial, o que estimulou ainda mais, não apenas investimentos, mas o interesse de milhares de pesquisadores, políticos e empresários. Para o público em geral, os voos espaciais tinham finalmente saído da esfera da ficção científica e se tornado fato documentado. Com o lançamento do Sputnik I, a era espacial chegou anunciada pelo seu "bip-bip". Esse "bip" foi captado em vários pontos da Terra, inclusive por pioneiros brasileiros que instalaram, em São José dos Campos, uma pequena estação de recepção desses sinais, dando origem ao que posteriormente viria a ser o primeiro grupo de pesquisadores do Instituto de Pesquisas Espaciais[1]. O Sputnik I era formado por uma esfera de metal com quatro antenas, medindo cerca de 60 cm de diâmetro com instrumentação científica pesando menos que 90 kg. Apesar do modesto objetivo – estar em órbita –, esse evento representou uma profunda e duradoura mudança na vida dos habitantes do planeta.

---

[1] A informação resultou de uma entrevista com a Sra. Maria do Carmo Soares, secretária do projeto de rastreio do Sputnik I, pela equipe do INPE.

Tabela 1.1 – Satélites e sondas espaciais lançadas entre 1957 e 1960		
Data de Lançamento	**Nome/País**	**Observações**
05/10/1957	Sputnik I/URSS	Primeiro satélite artificial em órbita da Terra.
03/11/1957	Sputnik II/URSS	Primeiro satélite com carga útil com experimentos biomédicos e de propriedades da alta atmosfera. Revelou pela primeira vez o papel da radiação solar na densidade da alta atmosfera.
31/01/1958	Explorer I/EUA	Lançado como parte dos eventos do International Geophysical Year e levou a bordo carga útil que permitiu registrar a presença dos anéis de Van Allen.
17/03/1958	Vanguarda I/EUA	Primeiro satélite com baterias solares, colocado por lançador de três estágios e construído com sistemas de estabilização da órbita, que permitiram obter informações sobre a forma da Terra.
26/03/1958	Explorer III/EUA	Primeiro satélite com gravador de bordo. A carga útil realizou experimentos para registrar raios cósmicos e temperatura, impactos de micrometeoritos e caracterização dos anéis de Van Allen.
15/05/1958	Sputnik III	Carga útil para medição de pressão, íons, campo elétrico e magnético da Terra.
26/06/1958	Explorer IV	Carga útil consistiu de contadores Geiger e cintilômetros para caracterização dos anéis de Van Allen.
11/10/1958	Pioneer I	Primeiro satélite a reentrar na atmosfera sobre a região do pacífico. Permitiu determinar a extensão radial da radiação, o fluxo total ionizado, a oscilação do campo magnético da Terra, a densidade de micrometeoros e as medidas de campo magnético interplanetário.
06/12/1958	Projeto Score/EUA	Experimentos de telecomunicação. Carga útil consistia de equipamentos de transmissão, recepção e gravação de sons. Primeira transmissão de voz a partir do espaço.
02/01/1959	Lontik I (Machta)/ URSS	Carga útil para realizar experimentos que permitiram medir a composição de gases que compunham a matéria interplanetária; medidas de radiação solar e do campo magnético da Terra e da Lua. Foi a primeira sonda espacial de sucesso, tendo permanecido em órbita do Sol por 15 meses.
28/02/1959	Discoverer I/EUA	Primeiro satélite de órbita polar.
02/03/1959	Pioneer IV	Experimentos sobre a composição do espaço na trajetória entre a Terra e a Lua, com base em uma carga útil composta de um sistema de varredura fotoelétrica. Produziu dados sobre a radiação solar e permitiu atingir a distância equivalente a 60.000 km da Lua.
13/04/1959	Discoverer II/EUA	Experimento visando à recuperação de carga útil ejetada do satélite em órbita.
07/08/1959	Explorer VI/EUA	Além das cargas úteis anteriores, incluiu um sistema de varredura (tevê) que permitiu obter a primeira imagem de nuvens a partir do espaço.
12/09/1959	Lunik II/URSS	Colocado em órbita por um lançador de múltiplos estágios, com objetivo de atingir a Lua. Primeira sonda Lunar, que atingiu a Lua em 13 de setembro de 1959, viajando a uma velocidade de cerca de 11 mil km/h. Levou 35 horas até se chocar com a Lua.
04/10/1959	Lunik III/URSS	Carga útil permitiu transmitir fotografias da face obscura da Lua.
11/03/1959	Pioneer V/EUA	Carga útil com sensores de plasma, raios cósmicos, magnetismo e temperaturas, para caracterização de ambiente interplanetário em órbita entre Vênus e a Terra. Atingiu o recorde de distância de comunicação via satélite de cerca de 36 milhões de quilômetros no dia 26 de junho de 1959.
01/04/1960	TIROS-I/EUA	Teste do uso de câmeras de tevê para estabelecer um sistema global para captura de imagens de nuvens. Permitiu a obtenção de 22.500 imagens da cobertura de nuvem da Terra. Primeira observação global da cobertura de nuvens do planeta.
15/05/1960	Spacecraft I (URSS)	A missão teve por objetivo colocar em órbita um módulo espacial para testar o sistema de suporte à vida e a viabilidade de sua recuperação do módulo em órbita e reentrada na atmosfera. Transmissão de vozes gravadas a partir do módulo para uma estação terrestre. O módulo foi colocado em órbita, foi realizada a transmissão módulo–estação terrena, mas ele não foi recuperado.

Tabela 1.1 – (*continuação*)		
Data de Lançamento	**Nome/País**	**Observações**
24/05/1960	Midas II/EUA	Lançado com o objetivo de testar um sistema de detecção de lançamento de mísseis a partir de sensores infravermelhos colocados a bordo de satélites.
22/06/1960	Transit II-A	Lançado com o objetivo de demonstrar a viabilidade de operação de satélite de navegação, melhorar as medidas geodésicas e proporcionar padrões precisos de medidas de tempo.
10/08/1960	Discoverer XIII/ EUA	Teve como objetivo a obtenção de dados sobre propulsão, comunicação, desempenho em órbita e sobre técnicas de estabilização e de recuperação de carga útil. Primeiro experimento bem-sucedido de recuperação de um objeto do espaço.
12/08/1960	Echo I/EUA	Visou à colocação no espaço de uma esfera expansível. Demonstrou a reflexão de ondas de rádio com a finalidade de expandir a comunicação global. Numerosos experimentos de comunicação bem-sucedidos.
19/08/1960	Spacecraft II	A missão teve por objetivo colocar em órbita um módulo espacial para testar o sistema de suporte à vida, a viabilidade de recuperação do módulo em órbita e reentrada na atmosfera. Levou a bordo dois cachorros, ratos, moscas, plantas etc. A carga útil incluía câmeras de televisão e transmissores. Foi a primeira carga útil biológica recuperada após 18 órbitas em torno da Terra, que perfizeram um percurso de cerca de 700 mil quilômetros. A cápsula ou módulo espacial foi recuperado, segundo relatórios, a uma distância de menos de 12 quilômetros do local predeterminado.
04/10/1960	Courier I-B	Testar a viabilidade de um satélite de comunicação global usando equipamentos de transmissão com capacidade de processar 68 mil palavras codificadas por minuto. Transmissão e recepção bem-sucedida.
12/11/1960	Discoverer XVII	Satélite em órbita polar. Teve o objetivo de coletar dados sobre propulsão, comunicação, desempenho da órbita, técnicas de estabilização e recuperação de módulos espaciais. Após 31 órbitas o módulo foi ejetado e recuperado com sucesso.
23/11/1960	TIROS II	Órbita polar. Carga útil com o objetivo de obter imagens na faixa do visível e do infravermelho para determinação da cobertura global de nuvens e estimar temperaturas de sua superfície. Experimento calibrado contra dados coletados em superfície.
19/12/1960	Discoverer XIX	Órbita polar. Missão com o objetivo de testar os equipamentos que seriam levados a bordo do Midas. Foi o 31º satélite lançado com sucesso entre 1957 e 1960.

Apesar do menor número de missões, a União Soviética também chegou a 1960 aparentemente com um nível tecnológico bastante semelhante ao dos Estados Unidos. A corrida espacial ainda não havia começado, porque a grande meta era ser capaz de levar o homem ao espaço e retornar à Terra.

1.2.3 A corrida espacial e a conquista da Lua

O encontro entre a nave Apollo e a Soyuz marca o fim da corrida espacial travada entre os Estados Unidos e a União Soviética, em 15 de Julho de 1975. Essa corrida foi uma competição pelo domínio da tecnologia espacial e pelo avanço da exploração e domínio do espaço, que se iniciou em 1957, e se materializou pelo desafio de colocar um homem na Lua e trazê-lo de volta à Terra. A corrida espacial foi um aspecto importante no conflito entre as duas potências hegemônicas da Guerra Fria, porque tinha implicações estratégicas ligadas à corrida armamentista. É mais fácil motivar pessoas a trabalharem para colocar o homem na Lua do que para a construção de mísseis balísticos intercontinentais, embora o conhecimento e tecnologias necessárias sejam similares.

Não obstante o grande êxito norte-americano no lançamento de satélites não tripulados (Tabela 1.1), foram os soviéticos que, em 1961, colocaram o primeiro homem no espaço, quando Yuri Gagarin foi lançado em órbita da Terra, em 12 de abril, a bordo da nave Vostok-1, e permaneceu em órbita por cerca de uma hora e meia antes de retornar à Terra[2]. A nave era equipada com sistemas de manutenção da vida, sistemas de comunicação e sistemas de controle que permitiam a operação automática do satélite, fosse em órbita, fosse na reentrada para a atmosfera. Esse feito acabou por colocar no centro das decisões do Estado a meta de alcançar a Lua até o fim da década.

Em 1957, a imprensa soviética anunciou que o país tinha testado, com sucesso, um míssil balístico de alcance intercontinental. Algumas semanas depois, anunciou a colocação em órbita do primeiro satélite artificial, o Sputnik I. Segundo Nimmen et al. (1976), esses sucessos soviéticos encheram a nação norte-americana de vergonha e medo. Vergonha por ter perdido a primazia de tão grande feito, por não ter ousado usar a tecnologia militar disponível para essa finalidade, e medo por verificar a vulnerabilidade da nação à espionagem espacial russa. A resposta a isso foi a liberação de recursos para o desenvolvimento de mísseis e para missões espaciais. No início de 1958, foram aprovadas várias leis relativas à política espacial, que culminaram com a criação da National Aeronautics and Space Administration, em 14 de abril de 1958.

A primeira década da Nasa consistiu basicamente da consolidação de um programa nacional de integração de agências governamentais, comunidade científica e indústria aeroespacial. A Nasa teve de se organizar a partir da antiga Naca, de modo a dar origem a um programa civil para desenvolvimento de satélites e sondas, a partir dos desenvol-

---

[2] Segundo dados de RussianSpaceWeb.com. Disponível em: <http://www.russianspaceweb.com/vostok1.html>. Acesso em: 12 dez. 2009.

vimentos herdados da Advanced Research Projects Agency (Arpa), e integrar esses avanços ao programa de satélites para o International Geophysical Year, o programa Vanguarda. Vários laboratórios operados pelas forças armadas foram transferidos para a administração da Nasa, como o Jet Propulsion Laboratory (JPL) e a Divisão de Pesquisas da Army Ballistic Missile Agency (ABMA), que trouxe consigo a equipe de von Braun e o projeto do veículo lançador Saturno.

Em 1958, a Nasa era um pequeno conglomerado de laboratórios e agências coordenadas para responder ao desafio posto pela conquista soviética. O fator decisivo para transformar a Nasa e o programa espacial norte-americano no programa mais bem-sucedido na conquista espacial do século XX foi, então, o êxito precoce da União Soviética em realizar o primeiro voo espacial tripulado. Ela representou a resposta do Estado norte-americano a esse fato, visto como uma ameaça à segurança e ao orgulho nacionais. Em resposta ao voo de Gagarin, o presidente Kennedy desafiou a Nasa, em 25 de Maio de 1961, a colocar um norte-americano na Lua. Essa foi uma empreitada que, na década de 1960, envolveu quase meio milhão de norte-americanos (Figura 1.1) e trouxe transformações impensáveis ao modo de vida dos seres humanos.

O modelo adotado pela Nasa para responder a essa tarefa foi o de buscar na iniciativa privada, nas universidades e nos demais órgãos de governo os recursos humanos e a infraestrutura inicial necessária para dar início à ambiciosa missão de levar o homem à Lua. Com isso, já no ano fiscal de 1962, mais de 90% dos recursos despendidos pela Nasa foram destinados a contratos.

A Nasa tinha a autoridade para desenvolver, construir, testar, operar veículos espaciais, e contratar indivíduos, corporações, agências de governo e qualquer outro tipo de serviço ou produtos que fosse necessário para realizar sua missão. Para isso, os centros da Nasa deveriam ter competência para pesquisar e especificar os projetos ou especificar as necessidades e contratar os serviços por meio de anúncios de oportunidades competitivos em que as vantagens relativas das diversas propostas submetidas eram examinadas e discutidas por comissões de alto nível antes de serem estabelecidos os contratos. O quadro técnico e científico da Nasa também tinha a responsabilidade de supervisionar a construção para garantir a confiabilidade dos sistemas, e desenvolver métodos de controle de qualidade para isso.

Ao término da década de 1960, a Nasa possuía laboratórios espalhados pelo território norte-americano em locais estratégicos, próximos a centros de excelência universitária ou fomentando seu desenvolvimento (Figura 1.3). Essa estratégia de dispersar laboratórios especializados em todo o território norte-americano fez também com que a Nasa se tornasse um agente de desenvolvimento industrial e de inovação tecnológica.

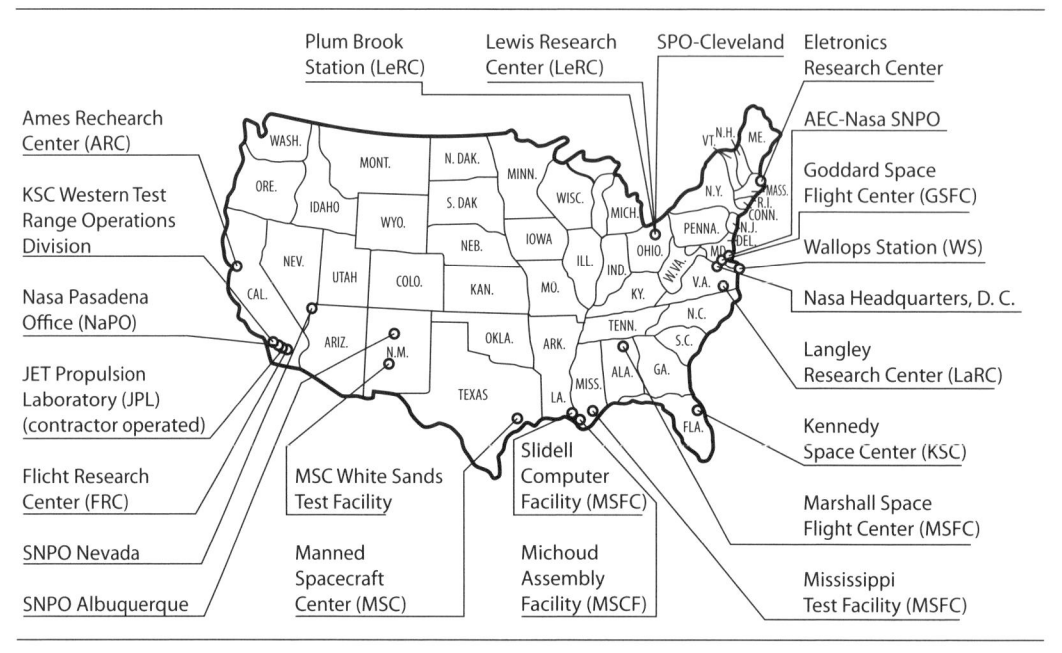

FIGURA 1.3 – Centros da Nasa.
Fonte: Ezel, 1988.

Apenas para ilustrar o modo de operação da Nasa, o mecanismo do controle de voo do módulo lunar foi desenvolvido pelo laboratório de instrumentação do MIT. A equipe do MIT já estava pesquisando o uso de computadores digitais para fazer os cálculos das manobras necessárias para o controle do módulo lunar, desde 1958, como uma linha de investigação. A Nasa aproveitou a equipe do MIT para o desenvolvimento desse componente do Módulo, buscando, em outros lugares, competências ótimas para cumprir outros aspectos da missão. O sistema desenvolvido pelo MIT permitia controlar os sensores que mediam mudanças de posição da espaçonave e enviava essas medidas para o computador de bordo, que fazia os cálculos e comparava medidas de diferença de velocidade em três eixos, com pré-calculadas. O computador, então, enviava comandos para acionar os propulsores de controle de atitude.

Para que o controle de atitude fosse de qualidade, os dados que alimentariam o computador de bordo precisariam ser confiáveis, e, para isso, a Nasa procurou identificar onde contratar equipes para desenvolver e aperfeiçoar sensores de velocidade do ar, altitude, velocidade angular, velocidade vertical, entre outros.

Um aspecto pouco conhecido na corrida espacial foi a disputa entre os computadores digitais e analógicos. Os computadores analógicos funcionavam criando uma analogia mecânica entre a posição dos números em várias escalas e quocientes, produtos etc. Esses computadores permitiam que valores de voltagem de entrada fossem modelados por equações diferenciais traduzindo certos tipos de controle mecânico, de modo a produzir voltagens que, amplificadas, eram usadas como comandos de controle da espaçonave. Os mísseis desenvolvidos pelos alemães eram controlados por computadores analógicos. Tais computadores tinham vantagens, mas não eram passíveis de reprogramação, porque as equações eram inscritas nos circuitos, sendo, por isso, afetados pelas variações de temperatura.

Os computadores digitais não tinham essas limitações, mas havia grande resistência a eles porque eram considerados imprecisos, uma vez que o sinal tinha de ser amostrado. Apenas com o desenvolvimento mais amplo das teorias de amostragem, por volta de 1963, é que deixou de haver discussão sobre sua eficácia a bordo. Esse avanço da teoria amostral foi muito estimulado pela necessidade de se desenvolverem computadores digitais, pois esses seriam mais flexíveis, tendo suas funções alteradas por meio de programas, o que implicaria redução de custo dos equipamentos para as missões.

Por outro lado, logo se percebeu que os programas para operar computadores em tempo real, como é o caso de espaçonaves e satélites, eram limitados no tocante à flexibilidade de programação. Isso afetava não só a velocidade de computação, como também a flexibilidade das aplicações do programa. Os engenheiros programavam os primeiros sistemas digitais exclusivamente em linguagem de máquina (*level machine language*), a qual era muito difícil de ser verificada e compreendida e, portanto, muito sujeita a erro humano. Isso motivou o desenvolvimento de linguagens de programação independentes da máquina. Entretanto, o uso de uma linguagem de alto nível requeria softwares especiais que permitissem sua tradução para a linguagem de máquina – os compiladores.

Em meados da década de 1950, uma equipe de programadores da IBM, liderada por John Backus, começou a desenvolver uma nova linguagem de programação que pudesse se tornar independente dos equipamentos, ou seja, na qual os programas pudessem ser rodados em diferentes máquinas. Essa linguagem foi a primeira de alto nível para ser usada no computador IBM 704. Recebeu o nome de Fortran, que significa FORmula TRANslation. O objetivo do projeto da IBM era produzir uma linguagem que permitisse a fácil codificação de algoritmos complexos com eficiência idêntica à da linguagem Assembler (a linguagem de máquina). A ideia era de que se programação se tornasse mais fácil, o número de máquinas comercializáveis seria muito maior. A linguagem foi apresentada pela primeira vez em fevereiro de 1957, durante a Western Joint Computer Conference, realizada em Los Angeles.

Para a ocasião, a IBM realizou testes de eficiência baseados em casos reais, entre os quais aplicações aeronáuticas. As soluções foram programadas em Assembler e Fortran. Os resultados mostraram que o desempenho da linguagem Fortran foi superior em velocidade de programação e processamento em relação à Assembler, e com o mesmo nível de precisão numérica.

A pesquisa espacial também ampliou a fronteira da capacidade de processamento dos computadores. Os computadores do programa Apollo não permitiam a manipulação de dados no formato *float-point* (ponto flutuante), um requisito necessário para as modelagens mais complexas de um sistema de transporte aeroespacial, como o do ônibus espacial, cuja aterrissagem seria precedida de manobras de estabilização em um ambiente aerodinâmico. O hardware dos computadores de primeira geração era formado por circuitos construídos a partir de fiação elétrica, tubos de vácuo e relés. A entrada de dados e a memória não volátil eram fornecidas por cartões perfurados e fitas magnéticas, respectivamente.

O Electrical Numerical Integrator and Calculator (Eniac), considerado pelos historiadores o primeiro computador eletrônico digital de grande porte, pesava quase 30 toneladas e consumia muita energia.

Portanto, para que essas máquinas pudessem ser lançadas a bordo de espaçonaves, elas teriam de se tornar eficientes tanto no consumo de energia quanto no peso e no volume. Isso se deu pela substituição das válvulas pelos transistores e desses para o uso de circuitos integrados. A pesquisa espacial não foi responsável pelas descobertas científicas que proporcionaram esses avanços, mas organizou o uso desses avanços em seu benefício.

A decisão de enviar um homem à Lua até o fim da década de 1960 obrigou a Nasa a reunir todas as mentes disponíveis para pensar sobre essa tarefa e colocá-la em execução. Era preciso:

1. aperfeiçoar os métodos de reentrada na atmosfera;

2. decidir sobre o método de alcançar a Lua diretamente[3] ou a partir de naves com propulsão e capacidade de manobrar em órbita;

3. construir um módulo lunar que pudesse pousar na Lua e decolar dela para se encontrar com a nave de retorno à Terra;

4. desenvolver tecnologia para retornar à Terra;

5. estudar as condições da Lua para garantir um pouso seguro.

A tarefa era enorme, e para atingi-la foram sendo propostas missões com objetivos bastante específicos, via de regra, por meio de chamadas públicas competitivas, selecionadas por comitês compostos por pesquisadores e engenheiros de grande experiência, segundo critérios que privilegiavam o grau de inovação da solução, o grau de viabilidade técnica, considerando o tempo disponível e a maturidade do processo de integração.

Para conhecer melhor as condições ambientais da Lua antes do envio de uma missão tripulada, foram realizados, entre 1962 e 1968, três grandes programas de pesquisa e desenvolvimento. Esses programas permitiram o lançamento de naves não tripuladas, equipadas com robôs e instrumentação científica, para medir propriedades da superfície lunar. Os programas Ranger (1961-1965) e Lunar Orbiter (1966-1967) permitiram o levantamento fotográfico da superfície lunar, e o programa Surveyor (1966-1968) permitiu o pouso de um robô na lua para a

---

[3] De acordo com: Smithsonian – National Air and Space Museum. Disponível em: <http://www.nasm.si.edu/exhibitions/attm/rm.mj.kd.1.html>. Acesso em: 15 jan. 2010.

aquisição de amostras de sedimentos e rochas. Essas amostras foram de grande importância para os cientistas interessados na geologia da Lua e para os engenheiros que prepararam as estratégias para o pouso de uma missão tripulada.

Na primeira década de sua existência, a Nasa também deu início ao projeto Mercury, com o objetivo de colocar o homem no espaço. O programa tinha três objetivos: desenvolver e colocar uma espaçonave tripulada em órbita da Terra, investigar a viabilidade humana de atuar no espaço e recuperar espaçonave e tripulação em segurança.

Quando organizou o programa, a expectativa da Nasa era realizar o primeiro voo tripulado ao espaço para superar o mal-estar ocasionado pelo Sputnik I. Apesar de todo o investimento e dos recursos mobilizados, os soviéticos chegaram à frente. O projeto Mercury permitiu que o objetivo de colocar o primeiro homem no espaço fosse atingido, embora com um atraso de menos de um mês.

Em 5 de maio de 1961, a nave Mercury foi colocada em órbita pelo foguete Redstone-3, levando a bordo o astronauta Alan Shepard, que permaneceu no espaço por 15 minutos e 28 segundos. Foi o primeiro voo suborbital. O projeto realizou vários voos orbitais não tripulados para testes de equipamentos e procedimentos e seis voos tripulados, cuja duração foi aumentando até atingir não apenas maior tempo de voo, mas operações mais sofisticadas. A última missão permitiu a permanência de um astronauta por 34 horas no espaço (22 órbitas completas) e teve o objetivo de avaliar o efeito da permanência prolongada no espaço sobre suas condições biológicas.

O programa Gemini representou a transição entre o Mercury e o programa Apollo, responsável pela chegada do homem à Lua. O programa Gemini começou depois que o programa Apollo já havia sido iniciado, e surgiu, em parte, para responder uma pergunta de grande relevância: seria possível fazer as manobras necessárias para que um astronauta descesse na Lua e depois deixasse a Lua e se encontrasse novamente com a nave? Seria possível o ajuste perfeito do módulo lunar à nave de modo a permitir que o astronauta retornasse a ela?

O programa Gemini tinha a intenção de demonstrar operacionalmente que uma nave pilotada poderia atingir um alvo específico no espaço, ou seja, a órbita da espaçonave cruzaria a órbita do objeto no espaço de modo que não houvesse diferença significativa em sua velocidade e posição, à semelhança dos voos em formação de aeronaves.

O programa Gemini consistiu de 10 missões realizadas num prazo de 20 meses, entre 1965 e 1966. O programa tinha dois objetivos principais:

1. testar manobras das naves em órbita;

2. realizar operações de aproximação e ancoragem da nave com outros veículos.

Essas habilidades seriam essenciais para que uma nave pudesse ser colocada na Lua com um astronauta e dela saísse sem problemas. O programa Gemini previa uma nave para dois homens, o que levou à necessidade de novos projetos e novos sistemas de suporte à vida. O programa foi anunciado em janeiro de 1962 e o primeiro voo tripulado foi feito em 23 de março de 1963. À semelhança do Mercury, o programa Gemini tinha objetivos bem definidos:

1. submeter os equipamentos e os astronautas a voo espacial de até duas semanas de duração;

2. testar procedimentos de encontro e atraque de veículos em órbita e manobrar o sistema a partir do uso de sistemas de propulsão a jato;

3. aperfeiçoar os métodos de entrada na atmosfera e de pouso em locais pré-selecionados da superfície terrestre;

4. estudar os efeitos de permanência de longo prazo no espaço sobre as condições físicas e psíquicas dos astronautas.

As principais modificações da missão foram o aumento do tamanho da nave, simplificação (automação) das atividades de manutenção, maior capacidade de manobra e aumento da potência do foguete (Titan II). A primeira missão Gemini tripulada (Gemini III) durou 4h52, completando três órbitas, em março de 1965. Em agosto de 1965, a missão Gemini V permaneceu sete dias, 22h55 no espaço e permitiu avaliar o desempenho do sistema de navegação. Em dezembro de 1965, a missão Gemini VII já dobrava o tempo de permanência no espaço para 13 dias e 18 horas. Menos de um ano depois, os objetivos tinham sido alcançados com a última nave, a Gemini XII. Nesse voo, ficou demonstrada a capacidade de executar todas as manobras necessárias, incluindo a caminhada do homem no espaço por 30 minutos, o que foi batizado como Extra-Veicular Activity (EVA).

Em decorrência do desafio feito pelo Presidente Kennedy em maio de 1961, os objetivos da missão Apollo foram alterados para permitir o pouso na Lua antes do fim da década.

Quando o programa Apollo começou, ainda não havia um foguete que permitisse colocar uma espaçonave tripulada em órbita da Lua. Os Estados Unidos desenvolveram então o veículo lançador Saturno 1B. Esse lançador incluía a modificação do primeiro dos três estágios do Saturno V, e foi usado para o lançamento da Apollo 7, a primeira nave Apollo tripulada do programa. Durante essa missão, no auge da Guerra Fria, os pilotos deram a primeira entrevista veiculada pela televisão a partir de uma câmera levada a bordo por eles.

Para que um homem fosse enviado à Lua, houve a necessidade de mudanças substanciais na nave espacial. A versão final construída era formada por três componentes: um módulo de comando, onde a tripulação se alimentava e dormia; um módulo de serviço, para suprimento de eletricidade, com equipamentos para proporcionar potência e capacidade de manobra para sair da órbita lunar em direção à Terra, além de suprir a nave com água; e um módulo lunar – uma pequena nave –, com seus próprios foguetes e capacidade de pousar e decolar da superfície lunar, que possuía sua própria plataforma de lançamento.

A primeira missão Apollo a ser inserida em órbita da Lua foi a Apollo 8, com o auxílio do veículo lançador Saturno V, a Apollo 8 realizou 10 órbitas em torno da Lua e permaneceu no espaço por 06 dias e 3 horas. Durante essa missão, foram tiradas inúmeras fotografias da Terra e da Lua e também foram feitos programas de tevê ao vivo. A missão Apollo 9 permitiu testar o módulo lunar e também realizar atividades extraveiculares, em março de 1969. A missão Apollo 10 foi uma espécie de ensaio geral para o pouso do módulo lunar, chegando a uma altitude de 15.000 metros da superfície da Lua. Todas as operações foram transmitidas, pela primeira vez, por televisão em cores. No dia 20 de julho de 1969, a corrida foi conquistada pelos Estados Unidos. O módulo lunar da Apollo 11 pousou no Mar da Tranquilidade e Neil Armstrong pisou na Lua.

A missão teve 11 voos tripulados e várias missões não tripuladas com o objetivo de testar veículos lançadores, sistemas de controle, funcionamento do módulo de serviço e do módulo lunar, entre outros. Em

1972, o objetivo de estudar a Lua foi abandonado por questões orçamentárias e porque, na visão dos governantes, a disputa geopolítica já estava vencida.

1.2.4 A tecnologia espacial como indutora de avanço científico – do cosmo ao genoma

Desde que o primeiro avião militar pode sobrevoar com segurança para permitir a observação do território "inimigo", duas necessidades de desenvolvimento ficaram claras:

1. os registros do território "inimigo" deveriam ser perenes;

2. idealmente, deveriam ser de conhecimento instantâneo do exército para apoiar a tomada de decisões;

3. deveriam ser feitos a altitudes crescentes para garantir a visão sinóptica de grandes áreas.

Essas necessidades impulsionaram o desenvolvimento de sensores, primeiro analógicos, depois digitais, e moveram também o desenvolvimento das telecomunicações.

O desenvolvimento de sensores envolveu a pesquisa em áreas tão diversas como física quântica, eletrônica, química analítica, computação, medicina e genética. Muitas das técnicas atualmente usadas em química analítica de forma corriqueira, tais como a espectroscopia de massa, tornaram-se possíveis graças aos avanços tecnológicos necessários para a observação do espaço. Antes de frequentarem os laboratórios, fizeram parte de cargas úteis experimentais a bordo de satélites de observação do espaço interestelar. Mas de todos os avanços proporcionados pela tecnologia espacial, o desenvolvimento de métodos computacionais é certamente o que tem contribuído para as maiores transformações da sociedade.

Se o século XX foi dedicado a ampliar as fronteiras do Cosmo, o século XXI talvez seja o século em que o conhecimento dos processos de criação e manipulação da vida será ampliado. As ferramentas para essa ousadia humana têm seu cerne não apenas nas ferramentas analíticas trazidas pela conquista do espaço, mas também no crescente sentimento de onipotência que tal conquista trouxe à humanidade.

A estrutura do DNA foi compreendida na década de 1950. O avanço em equipamentos analíticos, lentes, prismas e circuitos integrados, entre outros, permitiu que, em 1983, fosse localizado um gene em um dos 23 pares de cromossoma. Com o advento do sequenciamento do DNA e, principalmente, a partir do sequenciamento em larga escala (década de 1990), foi necessária a construção de bancos de dados mais robustos para abrigar a explosão no número de sequências obtidas pelos pesquisadores. A partir da década de 1990, iniciaram-se os primeiros sequenciamentos do genoma, primeiro de seres unicelulares, depois de vírus, até o sequenciamento final do Genoma Humano, finalizado em 2003.

O projeto Genoma Humano foi o primeiro de grande escala realizado no campo da biologia. As primeiras discussões sérias sobre a possibilidade sequenciar o genoma humano ocorreram por volta de 1985, e à semelhança do programa espacial, foi pensado como um programa de longo prazo (15 anos). Segundo Collins et al. (2003), o êxito do projeto Genoma Humano deu-se basicamente porque houve uma preocupação fundamental de reunir bons cientistas, o que permitiu desenvolver tecnologias, novas abordagens para a automação de processos, novas estratégicas computacionais, novos métodos de análise de dados, muitos deles completamente desconhecidos de grande parte das tarefas comuns à pesquisa biológica. Sobretudo, à semelhança do esforço para a conquista do espaço, o projeto foi buscar competências em diferentes países, em diferentes disciplinas de conhecimentos, para atingir os objetivos comuns.

Como resultado da adaptação e desenvolvimento de tecnologias, o custo do sequenciamento baixou de US$ 10,00 o par de bases em 1990 para US$ 0,01 em 2003, enquanto o número de pares de bases codificadas depositados no GenBank aumentou de 50 milhões em 1990 para 100 bilhões em 2005. O modo como o projeto Genoma Humano foi desenvolvido e outros tantos projetos de grande porte têm sido desenvolvidos na atualidade, reunindo redes de pesquisas, equipes interdisciplinares e simuladores de processos, entre outras inovações, seria impensável antes do grande empreendimento do século XX, que foi a conquista do espaço.

Segundo vários autores (ROBERTO JUNIOR, 2007; SEIBEL, 2000), o desenvolvimento das técnicas de sequenciamento de DNA tem provocado o aumento exponencial do volume de dados, tornando a sua interpretação o maior desafio. À semelhança dos métodos utilizados para extrair informações de imagens de estrelas ou da superfície terrestre, a base da biologia computacional reside no reconhecimento de padrões e no desenvolvimento de modelos que representem as relações biológicas. O reconhecimento de padrões é feito sobre cadeias de caracteres ('A' – adenina –, 'T' – tiamina no DNA – ou 'U' – uracila no RNA –, 'C' – citosina – e 'G' – guanina). Cada caractere indica um nucleotídeo da estrutura. Se for conhecida a estrutura primária de um fragmento, a sequência de DNA/RNA e a sua função, esse conhecimento pode ser, em princípio, estendido para outros fragmentos semelhantes do organismo em estudo e também de outros organismos. A biologia computacional aproveitou-se do arcabouço de algoritmos tradicionais de reconhecimento de padrões e introduziu inovações para dar conta da complexidade dos processos. Atualmente, muitos desses algoritmos voltam a ser testados para avançar os processos de interpretação de imagens obtidas por inúmeros satélites.

A era espacial aproximou os homens, ampliou a sua capacidade de compartilhar ideias, e com isso reduziu significativamente o tempo necessário para inovações. O volume de conhecimento disponível ao clicar de um *mouse* tornou-se tão grande que a ideia da ciência solitária de Newton e Einstein não é mais possível.

1.3 O Brasil na história da tecnologia: a história da criação do Inpe

No Brasil, as atividades de pesquisa espacial iniciaram-se em 1961 com a criação de um Grupo de Organização da Comissão Nacional de Atividades Espaciais (Gocnae), subordinado inicialmente ao Conselho de Desenvolvimento Científico e Tecnológico (CNPq). A pesquisa espacial teve seu início no Brasil, não por uma decisão de Estado, com recursos alocados, mas pela pressão de membros da Sociedade Interplanetária Brasileira. Segundo Mendonça, a implantação do Programa de Pesquisas Espaciais foi uma atividade de formiga.

A Comissão Nacional de Atividades Espaciais (Cnae) tornou-se o órgão responsável pela coordenação, estímulo e apoio aos trabalhos e estudos relacionados ao espaço, pela formação de um núcleo de pesquisadores capacitados para desenvolver projetos de pesquisas espaciais e pelo estabelecimento da cooperação com nações mais adiantadas.

Em 1971, a Cnae foi extinta e deu origem ao Instituto de Pesquisas Espaciais (Inpe), subordinado diretamente ao CNPq. O Inpe passou a ser o principal órgão civil para o desenvolvimento das pesquisas espaciais, sob a orientação da Comissão Brasileira de Atividades Espaciais (Cobae), órgão de assessoramento da Presidência da República.

Pode-se observar que, quando o Inpe foi criado oficialmente, a corrida espacial já tinha praticamente terminado. A primeira fase dessa corrida, como ficou demonstrado, foi basicamente tecnológica, envolvendo o desenvolvimento da capacidade de lançar veículos, tripulados ou não, ao espaço, colocá-los em órbita da Terra, e comandá-los a partir da superfície. Segundo diversos autores, exceto pela órbita lunar tripulada, pelo envio do primeiro homem à Lua 1969 e pela exploração do espaço extraterrestre, a União Soviética foi a primeira nação a dominar o conhecimento e a tecnologia espacial até cerca de 1966, quando vários fatores, entre os quais a morte prematura de Sergei Korolev, levou a uma redução dos avanços, passando os Estados Unidos a liderar essa corrida espacial e a definir quais seriam as principais tendências tecnológicas da chamada Era Espacial.

Politicamente, o Brasil estava em plena ditadura militar, instalada para se opor à ideologia soviética. Com isso, o Inpe foi organizado com a missão de buscar auferir os benefícios dos grandes investimentos do programa espacial norte-americano nas áreas de aplicação de interesse para o Brasil. As três áreas de aplicação definidas foram as de telecomunicações, meteorologia e sensoriamento remoto, com componentes de pesquisa básica e aplicada em cada uma dessas áreas. Em 1975, o Inpe já estava com mais de mil funcionários (menos de 20% de apenas um dos institutos sob a administração da Nasa). Depois, ele não cresceu muito mais, contando atualmente (2010) com cerca de 1.500.

É importante ressaltar que o Brasil foi um dos primeiros países a institucionalizar as atividades de pesquisas espaciais. Enquanto o Brasil criou o Cnae, ainda no início da década de 1960, a Índia e o Japão só criam suas agências em 1969. O Brasil foi também um dos primeiros países a criar um programa de aplicações de sensores remotos, quase 10 anos antes do Japão e quase ao mesmo tempo que a China e a Índia.

O desenvolvimento do programa brasileiro de sensoriamento remoto, ao contrário dos programas japonês, indiano e chinês, não se alicerçou no domínio de toda a cadeia tecnológica de um programa de observação da Terra via tecnologia de sensoriamento remoto. Enquanto aqueles países, ainda nas décadas de 1970 e 1980, já possuíam seus próprios satélites de sensoriamento remoto, o Brasil só veio a realizar esse estágio de desenvolvimento por meio do programa de cooperação com a China, pelo acordo entre o Inpe e a Academia Chinesa de Tecnologia Espacial (Cast), no fim da década de 1980. Dez anos depois, dá-se o lançamento compartilhado do satélite de sensoriamento remoto China-Brazil Earth Resources Satellite (Cbers-1) ou Satélite Sino-Brasileiro de Recursos Terrestres.

A primeira publicação de que se tem notícia sobre a implantação do projeto Sensoriamento Remoto (Sere) nunca chegou a se converter em um relatório técnico, representando um documento interno de autoria do Dr. Luciano Jacques de Morais, presidente de uma comissão técnica nomeada para estudar a implantação de um programa nacional de sensoriamento remoto. O nome do documento é *Projeto Sensores Remotos – Primeiro Relatório*. A data de produção desse relatório é julho de 1967. Ele traz a avaliação das atividades dessa comissão mista, composta por representantes de diversos ministérios e órgãos públicos com potencial interesse pela tecnologia. Essas atividades incluíram uma visita às diversas instituições norte-americanas envolvidas no projeto, visando buscar subsídios para a implantação de um programa semelhante ao norte-americano. No documento, os seguintes aspectos são destacados:

- O projeto *sensores remotos* representaria uma das principais aplicações da tecnologia espacial para a observação de áreas terrestres e marítimas, feita a partir de espaçonaves colocadas em órbita da Terra, de grande relevância tendo em vista a dimensão do Brasil e a falta de conhecimento sobre seus recursos naturais.

- A Nasa estava ativamente empenhada na investigação da possibilidade dessas aplicações e na execução de um programa para o seu amplo desenvolvimento. A ênfase desse programa estava em desenvolver aplicações de sensores remotos para auxiliar no levantamento e controle de importantes recursos naturais, tais como terras cultiváveis, florestas, águas e minerais – assuntos de importância vital para o atendimento das necessidades de uma população mundial em rápido crescimento. A Nasa estava ativamente procurando parceiros para cooperar na avaliação da tecnologia.

- As principais áreas de aplicação de sensoriamento remoto propostas pela Nasa, no âmbito de um programa de cooperação científica com o Cnae, seriam em Geografia, Agricultura, Floresta, Hidrologia, Caça e Pesca, Oceanografia, Geologia, Poluição e Arqueologia.

- A avaliação do potencial de aplicação da tecnologia de sensoriamento remoto a cada uma dessas áreas deveria ser feita a partir de um amplo programa de pesquisa incluindo uma série de experimentos pré-orbitais, realizados em áreas testes e laboratórios no solo usando-se protótipos dos equipamentos a serem colocados em órbita.

- O Programa Sensores Remotos da Nasa tinha, àquela época, os seguintes objetivos gerais:

  1. determinar a extensão em que os novos sensores poderiam contribuir para o conhecimento e uso dos recursos naturais e culturais;

  2. melhorar o conhecimento da Terra, sua origem, seus recursos naturais e culturais, e seu ambiente;

  3. desenvolver e aperfeiçoar métodos de apresentação e disseminação de dados sobre os recursos naturais e culturais obtidos por observação espacial de caráter global, assim como a utilização desses dados sob o ponto de vista científico, técnico e comercial.

- Para atender a esses objetivos gerais, o Programa Sensores Remotos da Nasa envolvia uma série de objetivos específicos, que incluíam:

  1. desenvolver e testar a melhor combinação de instrumentos, subsistemas, procedimentos e técnicas de observação e interpretação de medidas a serem realizadas em aviões e, posteriormente, em espaçonaves;

  2. determinar, entre os dados obtidos sobre os recursos naturais, quais os mais promissores a serem obtidos do espaço, visando ao benefício econômico da humanidade;

  3. determinar quais características espectrais dos alvos que os sensores podem detectar em altitudes orbitais;

4. avaliar o impacto da tecnologia espacial sobre o estudo de fenômenos estacionários e variáveis com o tempo, tendo em vista o aumento da frequência de observação e cobertura sinóptica proporcionada por sensores a bordo de satélites.

- Esse programa de pesquisa deveria ser desenvolvido por meio de uma articulação entre a Nasa e três grandes agências nacionais usuárias da informação de sensoriamento remoto:

    1. O Departamento de Agricultura (Department of Agricultue – Agricultural Research Service, Forest Service, Economic Research Service), visando ao desenvolvimento das aplicações em Agricultura e Floresta;

    2. Department of Interior (U.S. Geological Survey), visando ao desenvolvimento de aplicações em Geografia, Geologia, Hidrologia, Cartografia;

    3. U.S. Navy (Naval Oceanographic Office), para a Oceanografia e Hidrografia.

- Esse programa também teria estreita interação com as universidades e institutos de pesquisas responsáveis pela capacitação de recursos humanos e pelo desenvolvimento de pesquisas voltadas a responder aos objetivos do programa Sensores Remotos. Entre as universidades envolvidas ativamente no programa destacavam-se: a Universidade de Purdue; a Universidade da Califórnia; a Universidade de Kansas; a Universidade de Michigan e a National Academy Sciences, com ênfase em Agricultura e Floresta; Office of Naval Research, U.S. Army Corps of Engineers, Bureau of the Census, Tennessee State University, voltados para a pesquisa em Cartografia e Geografia; Cambridge Research Laboratory, Jet Propulsion Laboratory, Massachusetts Institute of Technology, Universidade de Nevada, Universidade de Stanford, Indiana State e Ohio State, voltados para aplicações em Geologia e Hidrologia; Scripps Institute of Oceanography, Woods Hole Oceanographic Institute, U.S. Coast Guard e National Academy of Sciences, voltados para aplicações em Oceanografia e Hidrografia.

- A coordenação do programa sensores remotos da Nasa era de responsabilidade do Earth Resources Survey, no qual foram investidos 6,5 milhões de dólares no ano de 1966 para a sua fase de implantação.

Pela análise do primeiro relatório oficial do Projeto Sere (MACHADO, 1968), o programa de sensoriamento esboçado para o Brasil procurou reproduzir a estrutura adotada pelo programa norte-americano envolvendo diversas instituições de pesquisa sob a coordenação da Cnae: Departamento de Pesquisa e Experimentação Agrícola do Ministério da Agricultura; Secretaria da Agricultura do Estado de São Paulo; Departamento Nacional de Obras e Saneamento, do Ministério do Interior; Instituto Brasileiro de Desenvolvimento Florestal; Instituto Brasileiro de Reforma Agrária; Instituto Brasileiro de Geografia e Estatística; Departamento Nacional de Produção Mineral; Diretoria de Hidrografia e Navegação e Instituto de Pesquisas da Marinha, do Ministério da Marinha; Diretoria de Serviço Geográfico, do Ministério do Exército e Associação Nacional de Empresas de Aerofotogrametria.

Por meio de um acordo de cooperação entre o Cnae e a Nasa, um grupo multidisciplinar de 12 pesquisadores realizou um estágio de seis meses no Earth Resources Aircraft Center e no Manned Spacecraft Center, em Houston, Texas. Desse grupo, apenas quatro pertenciam à Cnae. Além desse grupo, havia ainda quatro pesquisadores realizando programas de doutoramento na Universidade de Stanford, com o compromisso de se envolverem no Projeto Sensores Remotos. O documento de esboço do Projeto Sere apresentava também uma programação de contratação de pesquisadores e técnicos até o ano de 1972, de tal forma que a equipe do Cnae alcançasse um quadro equivalente a 43 pessoas. No âmbito da cooperação, a Cnae teria a responsabilidade de obter, instrumentalizar e manter instalações e equipamentos para a realização das missões de simulação, bem como selecionar e levantar informações básicas das áreas testes a serem sensoreadas para atender aos objetivos de aplicação em Agricultura, Geologia, Hidrologia, Hidrografia e Oceanografia.

Os primeiros resultados dessa missão (Missão 96) foram publicados já no ano de 1970, demonstrando o dinamismo do Projeto Sere. Segundo Almeida e Mascarenhas (1970), as imagens obtidas pelo Imageador Infravermelho e pelo Radiômetro IV de Precisão permitiram determinar a distribuição das temperaturas na superfície do mar. Além disso, foi proposto um modelo relacionando a cunha de água fria detectada e a ocorrência do processo de ressurgência. O sucesso do programa norte-americano de sensoriamento remoto e os resultados alcançados pela Missão 96 no Brasil fizeram com que o Cnae/Inpe expandisse o escopo do projeto.

Em 1971 foi publicada a "Proposta de pesquisa submetida ao Fundo de Desenvolvimento Técnico-Científico do Banco Nacional de Desenvolvimento Econômico pelo Instituto de Pesquisas Espaciais (ex-Cnae), denominado Expansão do Projeto Sere. Nessa revisão de objetivos inclui-se, como parte do Projeto Sere, o desenvolvimento de competência nacional na recepção e processamento de dados do satélite norte-americano ERTS (futuro Landsat-1), que seria lançado em 1972.

O objetivo não era mais apenas o de avaliar a utilidade da tecnologia de sensoriamento remoto, mas também participar do desenvolvimento tecnológico em segmentos significativos dessa atividade. Isso envolvia estudos básicos de interação entre a radiação eletromagnética e a matéria, o desenvolvimento de métodos de processamento de imagens e de automação dos procedimentos de interpretação de imagens, além do domínio da cadeia que vai do rastreamento do satélite à produção de imagens de satélite prontas para serem utilizadas para aplicações em diferentes áreas.

Em 1972, o Inpe, iniciou um curso de Mestrado em Sensoriamento Remoto, visando à qualificação de pessoal para atender necessidades básicas do próprio instituto. A partir de 1978, por meio de bolsas de estudo e convênios, o Inpe passou a formar pessoal qualificado para trabalhar com outros órgãos governamentais e/ou particulares.

É nesse ponto da história do Projeto Sere que sua trajetória começa a diferir daquela adotada pelo Japão e pela Índia. Esses países passaram a incluir em suas metas o desenvolvimento de competência para especificar e implementar missões de sensoriamento remoto para atender a objetivos estratégicos não só de aplicações da tecnologia espacial, mas também de domínio dessa tecnologia. Com o desenvolvimento da tecnologia espacial, ficavam cada vez mais difíceis as negociações de acesso aos dados de sensoriamento remoto, bem como de acesso à tecnologia de implantação de estações de recepção de dados de novos sensores.

O custo envolvido na modernização de estações de recepção e processamento, e dos contratos de manutenção, tornou-se um fator limitante ao avanço das aplicações e da própria difusão de tecnologia. A dificuldade de realização de acordos internacionais que contemplassem a transferência de tecnologia e o intercâmbio entre pesquisadores de nacionalidades diferentes aumentou muito. Apenas no final da década de 1980, o Brasil se une à China para a realização do Programa Cbers, que envolve a construção compartilhada de dois satélites de sensoriamento remoto. No capítulo "O programa espacial brasileiro" discute-se mais pormenorizadamente as ações brasileiras no campo espacial.

Referências bibliográficas

ALMEIDA, E. G.; MASCARENHAS Jr., A. S. *Relatório final da fase C*: oceanografia e hidrografia LAFE-135. PR – Conselho Nacional de Pesquisas, Comissão de Atividades Espaciais, São José dos Campos, 1970. 94p.

BILLE, M. A.; LISHOCK, E. R. *The first space race*: launching the world's first satellites. College Station: Texas A&M University Press. 2004. 214p.

BUTRICA, A. J. (Ed.). *Beyond the ionosphere*: fifty years of satellite communication. Nasa SP-4217, 1997.

COLLINS, F. S.; MORGAN, M.; PATRINOS, A. The human genome project: lessons from large-scale biology. *Science*, n. 300, p. 286-290, 2003.

EZELL, L. N. NASA historical data book, 1958-1968. v. II: programs and projects 1958-1968. *The NASA historical series*, NASA SP-4012. Washington, National Aeronautics and Space Administration, 1988.

LAMB, L. E. *Inside the space race*: a space surgeons's diary. Texas, Synergy Books, 2006.

MACHADO, J. B. Esboço de programa de pesquisas em sensoriamento remoto de recursos naturais. *Relatório Técnico LAFE-073*, PR – Conselho Nacional de Pesquisas, Comissão de Atividades Espaciais, São José dos Campos, 1968. 47p.

NASA. *Aeronautics and astronautics*: an American chronology of science and technology in the exploration of space, 1915-1960. Washington, National Aeronautics and Space Administration. NASA-TM-80521, 1961.

Nasa. 2007. Disponível em: http://history.nasa.gov/nltr24-1.pdf>. Acesso em: 10 nov. 2009.

Nasa. FY 2008 performance and accountability report. 2008. 234p. Disponível em: <http://www.nasa.gov/pdf/291255main_NASA_FY08_Performance_and_Accountability_Report.pdf>. Acesso em: 15 jan. 2010.

Nimmen, J. V.; Bruno, L. C.; Rosholt, R. L. *NASA historical data book, 1958-1968*, v. I: NASA Resources. Washington: Nasa, 1976.

NRC (National Research Council). *Earth science and applications from space National imperatives for the next decade and beyond* . Washington: The National Academies Press, 2007. 456p.

Roberto Junior, V. *Ferramenta auxiliar para identificação de regiões codificadoras em organismos eucariotos* – EXONBR. 2007. Tese de Doutorado em Ciências – Engenharia Civil – Pontifícia Universidade Católica do Rio de Janeiro, Rio de Janeiro, 2007.

Rumerman, J. A. C. *NASA historical data book*, v. VII: NASA launch systems, space transportation, human spaceflight, and space science 1989-1998. Nasa-SP-2000-4012, 2009.

Seibel, L. F. B. *Bio-AXS*: uma arquitetura para integração de fontes de dados e aplicações de biologia molecular. 2000. Tese de Doutorado em Informática – Ciência da Computação – Pontifícia Universidade Católica do Rio de Janeiro, Rio de Janeiro, 2000.

Tomayko, J. *Computers take flight*: a history of NASA's pioneering digital fly-by-wire project. The Nasa History Series. NASA SP-2000-4224, Washington: Nasa, 2000.

Zagatto, E. A. G.; Sá, S. M. O. The development of analytical chemistry in Brazil: retrospective and expectations. *Journal of the Brazilian Chemistry Society*, v. 14, n. 2, 2003.

2 Satélites meteorológicos, ambientais e de sensoriamento remoto

2.1 Satélites meteorológicos e ambientais

Para efeito de nomenclatura, definimos satélites meteorológicos e ambientais como aqueles satélites que fornecem medições com uma razoável resolução temporal (em torno de mais de uma imagem por dia) e que são utilizados para monitoramento operacional das condições atmosféricas, da superfície da Terra e dos oceanos, bem como para auxiliar a previsão de tempo e clima. Nesse último caso, a forma mais corrente de utilização é por meio de um processo denominado como assimilação de dados. A *assimilação de dados* é um processo que combina todas as informações tridimensionais da atmosfera e suas fronteiras (a superfície e o topo da atmosfera), em diversas posições geográficas e em diversos tempos, para gerar um campo inicial para a previsão de tempo.

Satélites de observação da Terra são aqueles de alta resolução espacial, e são úteis, principalmente, para identificar características da superfície terrestre, tais como: tipo de culturas, urbanização e solos, entre outros, sem que a sucessão temporal de imagem seja um fator determinante na análise. Essa distinção entre os satélites meteorológicos e ambientais e os de observação Terra, apesar de ser ainda empregada neste livro para apresentar as diferentes aplicações, está se tornando ultrapassada, pois os satélites atuais alcançaram um avançado nível de tecnologia que permite que se utilizem ambos os conceitos para a mesma plataforma orbital. Exemplo disso são os satélites Terra e Aqua, que são amplamente utilizados em ambas as aplicações.

O Programa Espacial da Organização Meteorológica Mundial (OMM) é responsável pela coordenação dos diferentes programas espaciais com fins meteorológicos para que os dados dos satélites operacionais sejam fornecidos em tempo real aos usuários, de forma coordenada e otimizada. Há uma clara separação entre satélites operacionais e de pesquisa. Satélites operacionais são aqueles que contam com toda uma geração de versões e são planejados para horizontes de operação de dezenas de anos. Assim, os centros operacionais investem em recursos humanos e infraestrutura para utilizar a informação gerada por esses recursos. Normalmente, essa informação chega ao usuário diretamente por meio de antenas de recepção no solo. Para os satélites de pesquisas não existe uma sucessão de unidades da mesma série e a missão termina com a desativação do serviço do satélite. De uma forma geral, não vale a pena o usuário investir na infraestrutura de recepção. Nesse caso, normalmente o dado é disponibilizado ao usuário por meio da internet, e dificilmente em tempo real. Com o novo conceito de recepção de dados via Geonetcast (dados enviados com a utilização de um canal de televisão), do ponto de vista do usuário, esse conceito de divisão entre satélite operacional e de pesquisa também tenderá a desaparecer.

2.1.1 Órbitas de satélites meteorológicos e ambientais

As órbitas dos satélites meteorológicos e ambientais operacionais são de dois tipos básicos: geoestacionárias e baixas. Satélites Geoestacionários são aqueles que têm a mesma velocidade angular da Terra e, portanto, observam a mesma região do planeta. Esses satélites, que se posicionam em torno de 36.000 km acima da superfície da Terra, podem observar constantemente a mesma região, e o tempo entre imagens sucessivas depende somente do tempo que o sensor leva para fazer uma varredura completa do disco observado na Terra. Em geral, esses sensores levam 30 minutos para completar uma varredura e, portanto, a cada 30 minutos obtém-se uma imagem em diversos canais espectrais. O Meteosat Segunda Geração (MSG), por ter uma tecnologia mais avançada, obtém imagens a cada 15 minutos, e a futura geração, o Meteosat Third Generation (MTG) e o Geostationary Operational Environmental Satellite, da série R (Goes-R) terá capacidade de obter imagens em intervalos de tempo menores que 10 minutos.

Os satélites de órbita baixa podem ser de diferentes tipos: Equatorial, que cobre somente parte do planeta, numa faixa de ambos os lados do equador, com inclinação próxima de 0º; Polar, que tem capacidade de gerar imagens de toda a Terra, com inclinação pouco superior a 90º; e Inclinado, que cobre uma faixa mais larga em torno do equador, mas não cobre as altas latitudes, e possui inclinações intermediárias. A inclinação é contada como sendo o ângulo entre o plano do equador e o da órbita do satélite, conforme mostra a Figura 2.1a.

Uma das características dos satélites de órbita polar (ou quase polar) é que esses equipamentos podem ser heliossíncronos, ou seja, ter suas imagens obtidas no mesmo horário solar, isto é, com a mesma iluminação solar. O satélite heliossíncrono tem uma inclinação de órbita que compensa a rotação da Terra, de forma que os imageamentos ocorrem no mesmo horário ao longo do ano. Os satélites meteorológicos e ambientais de órbita polar varrem a mesma região da Terra duas vezes ao dia com intervalo de 12 horas. Exemplos desses satélites são os Television InfraRed Observation Satellite/National Oceanic and Atmospheric Administration (Tiros-NOAA)[1], o Meteorological Operational satellite (Metop), o Terra e o Aqua.

Os satélites de órbita baixa também podem ser equatoriais ou tropicais (de órbita inclinada). Esses satélites têm uma inclinação menor que 90 graus e, portanto, não cobrem toda a Terra (Figura 2.1b). Embora haja essa desvantagem de não cobrirem toda a Terra, há a vantagem de passarem um número maior de vezes pelo mesmo local e, consequentemente, terem uma resolução temporal maior. Exemplos desses satélites são o Satélite de Coleta de Dados (SCD), o primeiro satélite brasileiro (descrito no Capítulo 3), e o Tropical Rainfall Measuring Mission (TRMM) da National Aeronautics and Space Administration/Japan Aerospace Exploration Agency (NASA-JAXA). Esses satélites estão a uma altura entre 300 e 800 km acima da superfície, bem mais próximos da Terra que os geoestacionários.

Além das órbitas baixas e geoestacionárias, existe a órbita Molniya ou órbita de alta excentricidade. Esse tipo de órbita ainda é pouco

---

[1] Observe que o nome do satélite – NOAA – é o acrônimo da instituição que o administra, a National Oceanic and Atmospheric Administration.

explorado, mas certamente será utilizado no futuro, pois, nele, bastam quatro satélites para se obter uma imagem contínua dos polos. Os satélites da órbita Molniya (veja Figura 2.1c) por terem uma alta excentricidade, ficam observando os polos grande parte do tempo, o que propicia uma visão sinótica dos eventos meteorológicos e ambientais nos polos, região que não é observada pelos satélites geoestacionários. Os satélites geoestacionários e polares têm uma órbita quase circular.

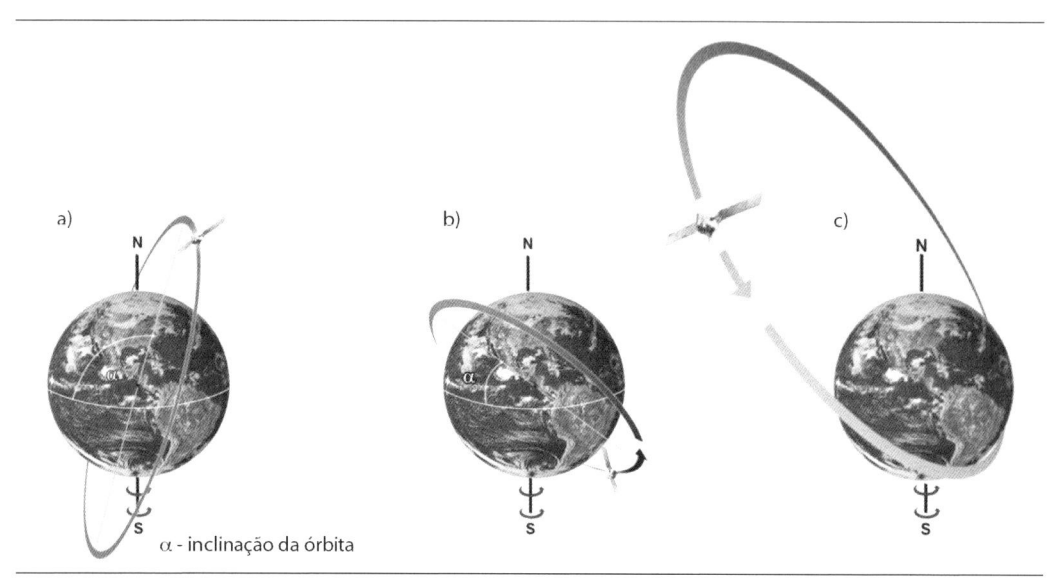

FIGURA 2.1 – Representação de órbita Polar (a), Tropical ou de Inclinação Baixa (b) e Molniya (c).

Para calcular a órbita de um satélite de forma simplificada (Equação 2.1) é suficiente igualar a força centrípeta (F_c) do satélite com a força de atração gravitacional exercida pela Terra no satélite (F_g). Para simplificação, considera-se a Terra como sendo esférica e as órbitas como circulares.

$$F_g = F_c$$

$$\frac{GM_T M_S}{R^2} = M_S \frac{v^2}{R}$$

$$v = \sqrt{\frac{G \cdot M_T}{R}}$$

(2.1)

Note que a velocidade (v) não depende da massa do satélite (M_s), mas da massa da Terra (M_T), da distância do satélite ao centro da Terra (R) e da constante gravitacional ($G = 6{,}6 \cdot 10^{-11} \text{N m}^2 \text{ kg}^{-2}$).

O período de rotação do satélite ao redor da Terra (T, Equação 2.2) pode ser obtido com:

$$T = \frac{2\pi\, R}{v} = \frac{2\pi\, R}{\sqrt{GM_T}} \cdot \sqrt{R} = 2\pi \sqrt{\frac{R^3}{GM_T}} \tag{2.2}$$

Note que a constante gravitacional e a massa da Terra são invariáveis. Logo, o período da órbita do satélite depende unicamente da altitude da órbita. Se considerarmos o período como sendo igual a 24 horas (caso do satélite geoestacionário) a altura obtida será próxima à já descrita aqui, isto é, de 36.000 km. Note que R é a distância ao centro da Terra; logo, deve-se adicionar o valor de 6.378 km ao valor da órbita.

Se a Terra fosse perfeitamente esférica, se não houvesse outros astros no espaço e os satélites viajassem no vácuo perfeito, então apenas a gravidade da Terra teria influência sobre a rotação dos satélites, e estes poderiam girar ao redor do planeta indefinidamente. Mas esse não é o caso. Além disso, mesmo a essa altitude, ainda há a força de arraste, em decorrência do efeito da atmosfera terrestre. As deformações da órbita e o atrito com a atmosfera fazem com que a velocidade do satélite se altere e, consequentemente, comece a haver alteração da sua órbita nominal. Para corrigir essas perturbações, os satélites devem ter combustível para manter suas órbitas. Normalmente, a vida útil de um satélite é ligada à reserva de combustível que possui para corrigir a órbita. Em geral, ao final da vida útil, os satélites são colocados em uma órbita mais afastada para que permaneçam no espaço e não ofereçam riscos de colisão com outros dispositivos espaciais.

2.1.2 Os satélites meteorológicos e ambientais – a nova geração

No final do século XVIII, com o primeiro voo tripulado de balão e, posteriormente, no início do século XX, com o primeiro voo tripulado de avião, o homem passou a ter a capacidade de observar a superfície terrestre e as nuvens a partir de uma nova perspectiva. Algumas décadas mais tarde, em fins dos anos 1940, o homem obteve, pela primeira vez, fotos da Terra obtidas a partir do espaço por foguetes científicos. Embora essas imagens fossem surpreendentes, elas cobriam somente algumas regiões com raio de cobertura da ordem de poucas centenas de quilômetros em um dado momento. Em abril de 1960 foi lançado o primeiro satélite meteorológico, o Television and InfraRed Observation Satellite (Tiros-I), que permitiu monitorar o tempo e o clima a partir do espaço, de forma regular e com cobertura de todo o globo terrestre.

O estágio atual da meteorologia reflete o conhecimento acumulado desde as primeiras observações meteorológicas, há milhares de anos, passando por importantes contribuições, como as de Aristóteles, Galileu, Torricelli, Bjerknes e outros. Contudo, a meteorologia evoluiu significativamente com o surgimento dos primeiros computadores, iniciando a era da previsão numérica na década de 1940, e com o lançamento do primeiro satélite meteorológico (Tiros-I), no início dos anos 1960.

Nessa época, os esforços foram dedicados no sentido de operacionalizar e transmitir em tempo real as imagens dos satélites meteorológicos. Após a primeira geração dos satélites Tiros, o desenvolvimento concentrou-se na tecnologia de novos sensores visando à observação da Terra e da atmosfera, utilizando uma gama maior de canais radiométricos.

A partir desses aperfeiçoamentos e do aumento da confiabilidade das informações coletadas, nos anos 1970, as imagens de satélites passaram de simples fotografias, interpretadas por meio de análises subjetivas, para imagens digitais, permitindo a extração, de forma operacional e quantitativa, de vários parâmetros da atmosfera e a realização de diversos estudos climáticos. Em decorrência dessa evolução e do desenvolvimento de programas espaciais em vários países, a Terra passou a ser monitorada continuamente por uma rede mundial de observação de satélites meteorológicos. Atualmente, há pelo menos cinco satélites geoestacionários em operação, desenvolvidos e operados por diversos países, e dois satélites de órbita polar, o que permite realizar uma cobertura global do planeta. A Figura 2.2 mostra uma imagem da Terra resultante da composição de imagens de vários satélites geoestacionários e polares, obtidas simultaneamente.

Atualmente, o desenvolvimento dos satélites geoestacionários aponta na direção de sondadores hiperespectrais na faixa do ultravioleta (úteis para medidas de aerossóis e gases atmosféricos), infravermelho (úteis para medidas de perfis de gases atmosféricos, temperatura e umidade) e de micro-ondas (para realizar tais medidas em condições de cobertura de nuvens e precipitação). Os imageadores evoluem para sensores com maior resolução espectral/espacial/temporal, cobrindo uma faixa maior do espectro eletromagnético (principalmente na região das micro-ondas).

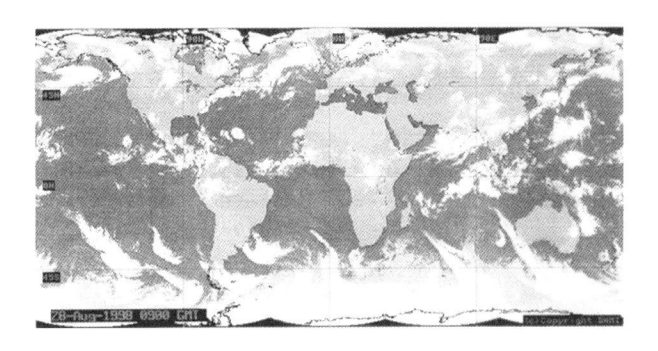

FIGURA 2.2 – Imagem gerada com dados do projeto International Satellite Cloud Climatology Project (ISCCP).
Fonte: DSA/CPTEC.

Os satélites de órbita baixa estão evoluindo do conceito de sensores passivos, que medem a emissão/reflexão da Terra, para sensores ativos do tipo Radar e Lidar, que emitem um feixe de radiação e medem o seu retorno. Outro importante tipo de medida por satélite são as medidas de limbo, isto é, aquelas que são realizadas não em direção à Terra, mas em direção ao horizonte do planeta. Esse conceito pode ser utilizado com apontamento para o Sol, para realizar perfis atmosféricos de gases que interagem com a radiação solar, ou apontando para um satélite, como o caso das medidas de rádio-ocultação (uso do Global Positioning Systems – GPS) para medidas da umidade e temperatura do ar.

Os satélites estão sendo lançados segundo o conceito de constelações, com finalidades específicas, tais como o GPM (para medida da Precipitação), o Constellation Observing System for Meteorology, Ionosphere and Climate (Cosmic) – baseado em rádio-ocultação – e o A-Train (uma constelação de satélites para medida de gases, aerossóis e nuvens). A Figura 2.3 ilustra os satélites meteorológicos e ambientais atualmente em órbita e previstos. A visão do programa mundial de observação da Terra para 2025, segundo a OMM, mostra a evolução do conceito clássico, atualmente em operação, de um conjunto de satélites geoestacionários e dois polares para cobertura da Terra, para um conceito de constelações específicas em diferentes órbitas para a cobertura do planeta.

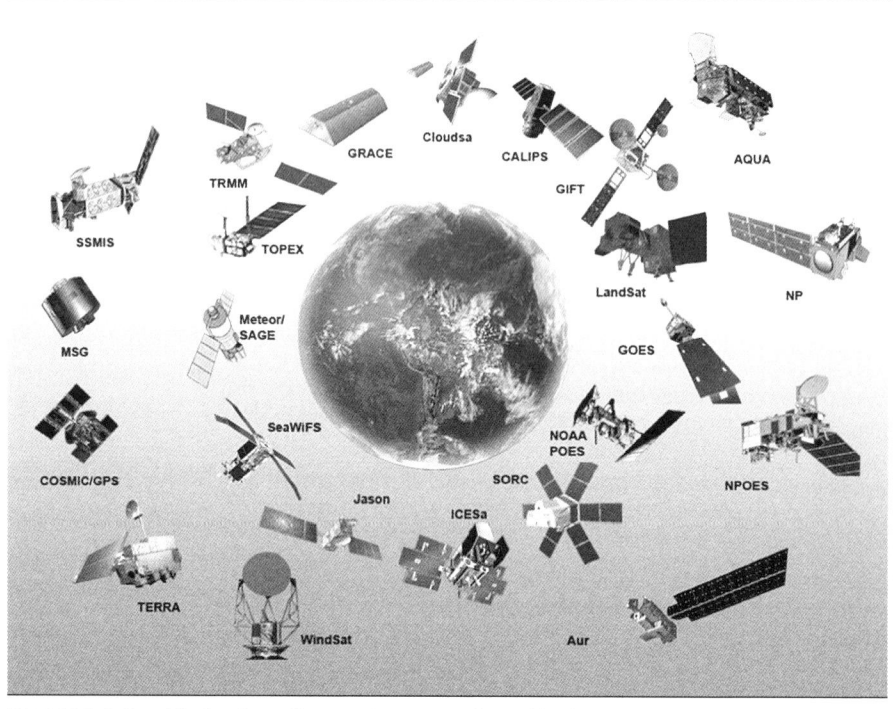

FIGURA 2.3 – Missões de satélites atuais e para a próxima década.
Fonte: Figura adaptada do curso da Eumetsat – aplicações de satélite ambientais.

2.2   O que se mede e o que se monitora

O sensoriamento remoto é o campo do conhecimento que visa ao desenvolvimento de pesquisas para a utilização de sensores colocados a distância para aquisição de informações sobre a superfície planetária e a atmosfera. Os sensores são radiômetros capazes de coletar energia proveniente do alvo, transformá-la e transmiti-la de forma que possa ser processada adequadamente para a extração de informações.

Essa energia, na grande maioria das vezes, corresponde à energia ou radiação eletromagnética. O objetivo do sensoriamento remoto é discriminar alvos ou o meio em função da sua interação com a radiação eletromagnética (passiva ou ativa). Logo, para utilizar o sensoriamento remoto adequadamente é necessário ter, pelo menos, uma noção básica da radiação eletromagnética, suas interações, leis e medidas.

2.2.1 A radiação eletromagnética

A radiação eletromagnética pode ser descrita pela física quântica como um fluxo de partículas (fótons), ou pela teoria ondulatória, que preconiza a propagação de energia por meio de ondas eletromagnéticas. As ondas eletromagnéticas propagam-se à velocidade da luz, que é de 3×10^8 m/s, e não necessitam de um meio físico – propagam-se no vácuo com velocidade constante. Por essas razões, a radiação eletromagnética é a forma mais eficiente de transferência de energia, principalmente no espaço entre diferentes astros. Segundo a teoria ondulatória, a radiação eletromagnética é formada por um campo elétrico e um campo magnético perpendiculares entre si. Ambos oscilam perpendicularmente à direção de propagação da onda; assim, o campo elétrico gera um magnético e o campo magnético gera um elétrico (Figura 2.4).

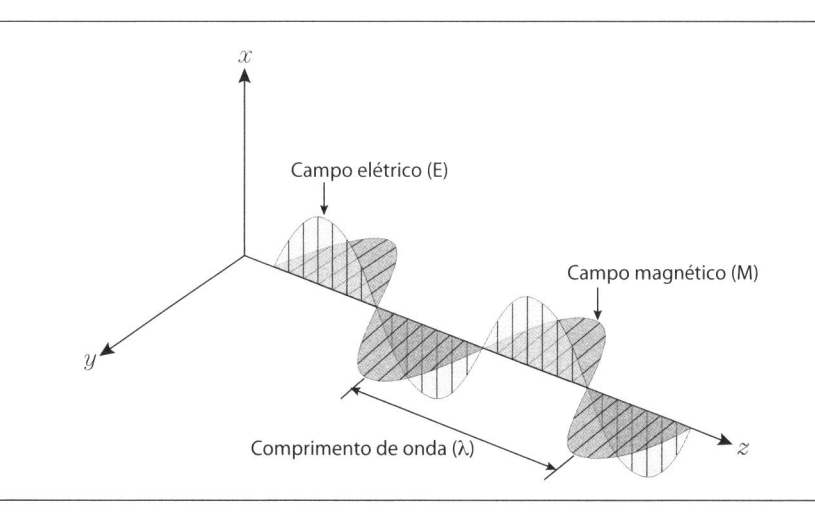

FIGURA 2.4 – Representação esquemática da radiação eletromagnética.

A Tabela 2.1 descreve as principais faixas ou regiões do espectro eletromagnético. As radiações visível, infravermelha e micro-ondas, fazem parte do espectro eletromagnético e são as principais regiões espectrais exploradas pelos satélites ambientais. Vê-se que há um grande intervalo de frequências de ondas eletromagnéticas que se propagam na atmosfera.

Tabela 2.1 – Comprimento de onda das regiões do espectro eletromagnético	
Nome da região do espectro eletromagnético	Comprimento de onda – (cm)
Raios Gama	10^{-9}
Raios X	10^{-6}
Ultravioleta e Visível	10^{-5}
Infravermelho	10^{-4}
Micro-ondas	1
Ondas de rádio	10^{3}

Uma lei básica da radiação eletromagnética é a relação entre velocidade (V), comprimento de onda (λ) e frequência (f) (Equação 2.3). Como a velocidade é constante e **independe** do comprimento de onda ou da frequência, um tipo de onda pode ser caracterizado pelo comprimento de onda ou pela frequência.

$$V = \lambda f \qquad (2.3)$$

Conforme a Tabela 2.1, as regiões do espectro eletromagnético são definidas como:

- **Ondas de rádio**: baixas frequências e grandes comprimentos de onda. As ondas eletromagnéticas nessa faixa são utilizadas para comunicação a longa distância, pois, além de serem pouco atenuadas pela atmosfera, são refletidas pela ionosfera, propiciando uma propagação de longo alcance.

- **Micro-ondas**: nessa faixa de comprimentos de onda podem-se construir dispositivos chamados de radares, capazes de produzir feixes altamente concentrados de radiação eletromagnética. Essa faixa propicia um excelente meio para observação da Terra em condições de céu encoberto, pois é observada pouca atenuação pela atmosfera ou por nuvens.

- **Infravermelho**: essa região tem grande importância para o sensoriamento remoto; engloba radiação com comprimentos de onda de 0,75 µm a 1,0 mm. A radiação infravermelha apresenta interações de absorção com a maioria dos gases atmosféricos.

- **Visível**: essa faixa é definida como a radiação capaz de produzir a sensação de visão para o olho humano. É importante para o sensoriamento remoto, pois é pouco absorvida na atmosfera e as imagens obtidas nessa faixa geralmente apresentam excelente correlação com a experiência visual do intérprete.

- **Ultravioleta**: é uma extensa faixa do espectro e que sofre forte atenuação atmosférica, principalmente pela absorção na camada de ozônio. É utilizada para medidas de aerossóis atmosféricos e da concentração de gases compostos de moléculas de oxigênio.

- **Raios X**: são gerados, predominantemente, pela parada ou freamento de elétrons de alta energia. Por se constituírem de fótons de alta energia, os raios X são altamente penetrantes, sendo uma poderosa ferramenta em pesquisa sobre a estrutura da matéria. Nem os raios X nem os Gama são usados em satélites ambientais ou meteorológicos.

- **Raios Gama**: são os raios mais penetrantes das emissões de substâncias radioativas. Não existe, em princípio, limite superior para a frequência das radiações gama, embora ainda seja encontrada uma faixa superior de frequência para a radiação, conhecida como raios cósmicos.

Quando um sensor remoto, a bordo de um satélite, varre a Terra para coletar dados, normalmente utiliza a radiação proveniente do Sol ou a emitida pela superfície da Terra ou pela atmosfera. Essa radiação, ao atravessar a atmosfera e/ou as nuvens, em seu caminho de volta, interage novamente com esses componentes, sendo parcialmente absorvida ou refletida. Existem regiões do espectro eletromagnético para as quais a atmosfera é praticamente opaca, não permitindo a passagem da radiação, ou seja, praticamente toda a radiação é absorvida. Essas regiões definem as "bandas de absorção da atmosfera". As regiões do espectro eletromagnético em que a atmosfera é praticamente transparente à radiação eletromagnética são conhecidas como "janelas atmosféricas".

Assim, devemos sempre considerar os seguintes fatores associados à atmosfera, que interferem no sensoriamento remoto: absorção pelos constituintes atmosféricos; espalhamento por moléculas gasosas, partículas em suspensão e pelas nuvens; e emissão de radiação pelos constituintes atmosféricos. Nos processos de **absorção** da radiação a energia incidente é absorvida por diferentes processos, tais como transição eletrônica, vibração ou rotação da molécula do gás. No caso do **espalhamento**, os fótons apenas mudam de direção. Os processos de espalhamento seguem diferentes regimes, tais como o de Rayleigh e Mie, em função da relação entre o comprimento de onda da radiação e o tamanho da partícula espalhadora ou molécula de gás.

A Figura 2.5 apresenta o espectro da radiação solar medida no topo da atmosfera e na superfície. A diferença entre as duas curvas deve-se aos processos de absorção e espalhamento que ocorrem na atmosfera, à medida que a radiação a atravessa. Observe que existem diversos gases que absorvem a radiação. Por exemplo, graças à camada de ozônio, grande parte da radiação ultravioleta (comprimentos de onda abaixo de 380 nm) é absorvida, permitindo a vida na Terra, uma vez que essa radiação é altamente cancerígena. Por outro lado, todos os corpos emitem radiação em virtude da sua temperatura. Desse modo, a superfície da Terra e a atmosfera emitem para o espaço toda a energia solar captada, principalmente na forma de radiação infravermelha termal. Quanto maior a temperatura do corpo, menor o comprimento de onda da energia emitida. O Sol, a uma temperatura em torno de 6.000 K, emite a máxima radiação na faixa do visível, enquanto a Terra, a uma temperatura bem menor (ao redor de 300 K) emite a máxima radiação na faixa do infravermelho.

Os satélites valem-se dessas características radiativas naturais para observar a Terra e a atmosfera. Por meio do uso das faixas de absorção pode-se estimar a concentração do gás absorvedor na atmosfera. Nas janelas atmosféricas podem-se observar as nuvens e a superfície, uma vez que, nessas janelas, a radiação é muito pouco absorvida. De uma forma generalizada, os satélites meteorológicos apresentam sensores (radiômetros) que medem a radiação desde o canal ou região ultravioleta até o canal de micro-ondas. As nuvens, por exemplo, são excelentes refletores, diferenciando-se da superfície da Terra, que reflete a radiação solar com menor eficiência. Por meio da observação na banda do visível, os diferentes tipos de nuvens são diferenciados entre si pela quantidade total de água líquida contida em seu interior. As nuvens *Cirrus*, por exemplo, são semitransparentes (podemos observar o Sol através das nuvens desse tipo) e, portanto, permitem a passagem parcial da radiação visível, refletindo para o espaço uma pequena quantidade de radiação. Ao contrário, as nuvens *Cumulus Nimbus* (nuvens associadas a chuvas fortes) impedem totalmente a passagem da luz, refletindo quase que totalmente a luz incidente para o espaço.

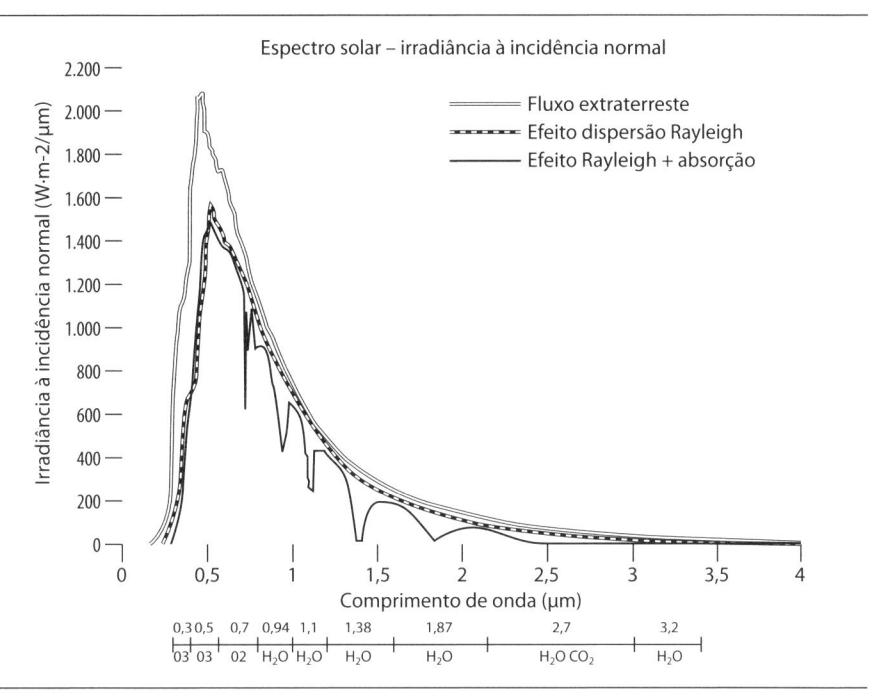

FIGURA 2.5 – Irradiância solar (a) e terrestre (b) observada no topo da atmosfera e ao nível do mar. Nas barras auxiliares, indicam-se os principais constituintes absorvedores e os comprimentos de ondas em que atuam.
Fonte: Figura adaptada de Liou, 1980.

A observação pelo canal infravermelho apresenta uma característica diferente da observação pelo canal visível: a radiação infravermelha é associada à temperatura do corpo. A superfície da Terra, por exemplo, a uma temperatura de 30 °C emite uma radiação muito maior que o topo das nuvens, que estão a temperaturas bem mais baixas. As nuvens são diferenciadas entre si pela altura do topo, ou seja, pela temperatura do topo da nuvem; nuvens *Cumulus*, de tempo bom, com uma altura do topo de 3.000 metros, por exemplo, estão a uma temperatura de aproximadamente 0 °C, enquanto as nuvens *Cumulus Nimbus* podem atingir uma altura do topo de 18.000 metros com temperaturas de até –60 °C. Conforme mostra a Figura 2.5, a radiação eletromagnética na faixa do infravermelho também interage com a atmosfera, absorvendo e emitindo, em virtude da presença dos componentes atmosféricos. Nota-se, por exemplo, ao redor da banda de 6,5 μm uma forte absorção devida ao vapor d'água. Na banda em torno de 11 μm há uma janela atmosférica, ou seja, uma banda com pouca absorção e, portanto, ideal para a observação da superfície terrestre.

Sensores radiométricos a bordo de satélites medem quantidades de energia radiante, por unidade de tempo (de exposição à energia radiante) e por unidade de área (exposta à energia radiante). No Sistema Internacional de Unidades, essas quantidades são expressas em Watts por metro quadrado (Wm^{-2}). Essa grandeza é aqui denominada irradiância. Assim, um coletor plano em órbita terrestre orientado perpendicularmente à incidência do feixe direto de radiação solar, estando a Terra à distância média do Sol, receberia uma irradiância em torno de 1.367 Wm^{-2}. Esse valor corresponde à **constante solar**, ou à energia solar que chega ao topo da atmosfera. Contudo, quando essa radiação chegar à superfície terrestre ela será bem menor, pois terá interagido com os gases atmosféricos e nuvens.

Caso o coletor descrito aqui fosse orientado para a Terra, teríamos uma medida da irradiância emitida e espalhada pelo planeta. Porém, conforme definido por Fattori e Ceballos (2009), irradiâncias exprimem quantidades de energia por unidade de tempo e de área, sem fornecer informações sobre a importância relativa dos feixes incidentes, cada um proveniente de uma dada direção ao longo do hemisfério exposto à energia radiante. Outros conceitos importantes serão apresentados mais à frente.

2.2.2 A imagem de satélite

Quando uma pessoa observa uma imagem de satélite não tem a noção que essa imagem pode ser utilizada para calcular diversos parâmetros atmosféricos, tais como: direção e velocidade do vento, temperatura, umidade, clorofila no oceano, concentração de gases atmosféricos e estado da vegetação, entre outros.

Uma imagem digital de satélite é composta por elementos de imagem ou pixels (*picture elements*); o pixel é o menor elemento que o sensor pode identificar. A distância entre dois pixels vizinhos corresponde à resolução espacial do sensor, que varia em função do ângulo de observação (ângulo formado entre o alvo e o ponto subsatélite ou nadir). Por exemplo, o satélite geoestacionário Goes-12 tem uma resolução espacial no ponto subsatélite de cerca de 4 km no canal infravermelho e de 1 km no canal visível. Uma imagem do Goes-12 no canal infravermelho, por exemplo, é composta de 2.700 linhas e 5.205 colunas, ou seja, 14.053.500 pixels. Para facilitar os processos de transmissão e armazenamento dos dados, eles são codificados com valores de 2^n "níveis"[2] . Esses números de níveis ou *counts* correspondem a níveis de cinza em uma imagem preto e branco, que corresponde também a temperaturas mais baixas ou mais altas (no caso do canal infravermelho) ou a irradiâncias menores ou maiores (no caso do canal visível).

Cada imagem observada por um satélite geoestacionário é transmitida para os centros de aquisição de dados, onde após ser tratada e reformatada é retransmitida para o satélite, o qual retransmite a imagem para os usuários em um formato especial contendo informações para navegação e calibração. O usuário, por sua vez, necessita de uma estação específica de recepção de imagens de cada satélite para receber e processar as imagens. Uma nuvem observada pelo satélite e registrada numa imagem é relativamente diferente daquela que estamos habituados a observar. A imagem gerada pelo satélite é de resolução espacial mais baixa (da ordem de 5 km para o geoestacionário). O satélite integra todos os objetos que estão em uma área (5 × 5 km², no caso do Meteosat) e os representa como um único ponto (pixel). Portanto, a visão de detalhamento que temos de uma nuvem é perdida. Contudo, ganhamos uma visão global do sistema, que permite observar em "larga escala" a ocorrência de vários fenômenos, tal como uma frente fria.

2.3   Satélites de sensoriamento remoto ou de observação da Terra

Embora se tente fazer uma distinção entre satélites meteorológicos e satélites de observação da Terra ou de sensoriamento remoto, essa distinção, em muitos casos, é tênue e difícil de ser rigorosamente estabelecida. Não obstante, o que se tem convencionado é que, quando

---

[2] No caso de imagens de 8 bits, isso corresponde a 256 níveis ou de valores de 0 a 255; no caso do Goes-12, que tem 10 bits, a codificação dos seus dados é de 0 a 1.023 níveis.

a missão é preferencialmente voltada para questões de clima, previsão meteorológica etc., então, o satélite é tido como meteorológico, e quando a missão é mais voltada para mapeamento de propriedades da superfície terrestre, então, o satélite é de observação da Terra.

Com o avanço do inter-relacionamento das áreas de conhecimento e diante da necessidade de uma maior integração das ciências, é cada vez mais comum que os dados gerados por uma classe de satélites sejam utilizados em conjunto com os de outra. Por exemplo, para o monitoramento de queimadas, é comum o uso de dados de satélites primariamente concebidos para meteorologia, como os satélites NOAA, com o seu sensor Advanced Very High Resolution Radiometer (AVHRR). O próprio nome do sensor AVHRR pode levar a se pensar que ele tenha uma alta resolução espacial (Very High Resolution), quando, na verdade, o pixel desse sensor é de apenas cerca de 1 km quando visa ao nadir, em franco contraste com as resoluções métricas ou submétricas dos sensores a bordo dos satélites de observação da Terra (desde poucas centenas de metros até cerca de 50 centímetros). Na verdade, o que para meteorologia pode ser "alta resolução", para observação da Terra pode ser baixa. Portanto, os termos qualitativos devem ser levados em conta de forma cuidadosa, preferindo-se os valores absolutos dos parâmetros que caracterizam os sensores, especialmente no tocante às suas resoluções.

Tendo em conta a ressalva apresentada aqui quanto a essa zona cinzenta de definição dos sistemas espaciais, nesta seção vamos nos ater aos satélites mais voltados para o monitoramento da superfície da Terra. Portanto, aqui serão englobados os sistemas espaciais dedicados à medição de propriedades de objetos da superfície terrestres: água interior e oceânica, solo, rocha, vegetação, materiais antrópicos etc., e mesmo algumas características da atmosfera de interesse para o sensoriamento remoto.

Para uma síntese dos sistemas espaciais de observação da Terra, pode-se dividi-los em dois grandes grupos: os não imageadores e os imageadores. Os primeiros medem um sinal proveniente da superfície (ou da atmosfera), mas não geram uma imagem. Como exemplos têm-se os perfilômetros, os radares altímetros, os radiômetros não imageadores. Os sensores mais típicos para o sensoriamento remoto são os imageadores, ou seja, aqueles que, ao final do processo, geram uma imagem bidimensional. Em tal imagem bidimensional cada ponto tem seu brilho ou nível de cinza proporcional ao resultado da interação da energia eletromagnética com a respectiva porção da superfície do terreno que representa. As imagens podem ter formato analógico ou digital. Em geral, as fotografias aéreas – o mais tradicional produto de imageamento – estão em formato analógico. As imagens geradas pelos sistemas orbitais, em geral, têm formato digital. Porém, mesmo essa característica tem mudado muito e, hoje, boa parte dos produtos fotográficos também é gerada em formato digital. O formato digital, em virtude de poder ser trabalhado quantitativamente em computadores, proporciona grande maleabilidade ao analista, além de permitir análises quantitativas muito mais abrangentes.

Atualmente, há uma grande variedade de satélites de sensoriamento remoto para observação da Terra. Como apresentado anteriormente, os sistemas orbitais para observação da Terra tiveram início nos anos 1960. Porém, o primeiro grande sistema que marcou definitivamente o início do sensoriamento remoto orbital de forma rotineira foi o Landsat-1, lançado em 1972 pelos Estados Unidos. A família de satélites Landsat teve sete satélites até o presente, sendo que os Landsat-5 e 7 ainda estão em operação, embora aquém de suas capacidades originais. O Landsat-5 é um verdadeiro fenômeno de engenharia, pois gerou imagens por mais de 25 anos de forma praticamente contínua desde seu lançamento.

Após os Estados Unidos, outros países – isoladamente ou em cooperação – lançaram seus satélites civis de sensoriamento remoto: França (Spot), Rússia (Resurs), Canadá (Radarsat), Japão (Alos), União Europeia (Envisat), Índia (IRS), China (HJ-1), Brasil (Cbers, em cooperação com a China) e Israel (Ofek), entre outros. Além dos programas governamentais, atualmente há companhias privadas que constroem e operam satélites de observação da Terra, notadamente os de alta resolução espacial, que têm maior apelo comercial.

Há algumas características básicas tanto dos satélites e suas órbitas como dos sensores a bordo que servem para delinear as propriedades de imageamento dos sistemas orbitais e que são de interesse para o usuário. Entre essas características destacam-se:

- horário de passagem pelo equador – se pela manhã, próximo ao meio-dia ou à tarde; se sempre no mesmo horário (heliossincronicidade);

- periodicidade de revisita a um mesmo local – se é fixa ou variável, pois isso proporciona maleabilidade ao imageamento em situações de demandas específicas (desastres, imageamentos especiais etc.);

- largura da faixa de imageamento – relaciona-se com a frequência de revisita, mas também é importante em virtude de distorções causadas nas bordas das imagens;

- resoluções – são as características básicas de uma imagem:

  - espacial: relaciona-se com a capacidade de detalhamento espacial dos objetos (varia de dezenas de centímetros a centenas de metros);

  - espectral: refere-se ao número e largura das bandas espectrais de operação, que, por sua vez, ampliam a capacidade de discriminação dos objetos na superfície e portam informações relacionadas a determinadas características físicas e químicas dos alvos (varia de duas a mais de 200 bandas espectrais; em geral, quanto mais bandas, mais estreitas elas são);

  - temporal: indica a possibilidade de imagear o mesmo alvo com maior ou menor frequência (varia de dias a semanas);

  - radiométrica: relaciona-se à possibilidade de delinear pequenas diferenças de energia refletida ou emitida pelos objetos (em geral, varia de seis a 12 bits para os sistemas ópticos);

- região de operação no espectro eletromagnético: visível, infravermelho próximo, infravermelho de ondas curtas, infravermelho termal, micro-ondas, ou ainda pode operar em múltiplas regiões, ou em dezenas ou centenas de bandas espectrais (sistemas hiperespectrais);

- capacidade de imageamento estereoscópico: permite a geração de modelos tridimensionais, e pode ser em tempo quase real ou em passagens sucessivas do satélite;

- capacidade de visadas multiangulares do mesmo alvo: relaciona-se à possibilidade de imagear os alvos em diferentes ângulos e, assim, estudá-los segundo suas propriedades de reflexão em função de múltiplos ângulos de iluminação e visada.

Os sistemas orbitais de sensoriamento remoto têm evoluído em diversas direções. Se nos anos 1970, as melhores resoluções espaciais eram ao redor de 40-80 metros (Landsat-1, 2 e 3), nos anos 1980 passaram a melhor do que 20 metros (Spot), e nos anos 1990 passaram a submétricas (Ikonos), como estão agora. Outra importante característica que teve melhorias foi a frequência de revisita. Enquanto os sistemas de varredura mecânica (como no Landsat) têm uma frequência de revisita fixa, o Spot introduziu a capacidade de visada lateral, permitindo a revisita a áreas fora do percurso vertical do satélite. Os satélites de alta resolução também incorporaram essa capacidade, uma vez que, como suas larguras de faixa de imageamento eram pequenas, o tempo nominal de revisita seria muito longo caso não tivessem essa propriedade de imageamento lateral. Quanto à melhoria espectral, enquanto o sensor Thematic Mapper TM/Lansat-5 tem sete bandas espectrais, o Moderate Resolution Imaging Spectroradiometer (Modis) ampliou o número de bandas para 36, e o Hyperion para mais de 200.

Outro avanço significativo que tem ocorrido é a ampliação e melhoria dos sistemas orbitais que operam na região das micro-ondas do espectro eletromagnético – os radares. Esses sistemas evoluíram em termos de diversas capacidades de imageamento, não só quanto à resolução espacial, mas também em outras características. Em todos os sistemas, sejam ópticos ou radares, a melhoria da qualificação tanto dos sensores como das plataformas tem permitido a geração de imagens com precisões geométricas cada vez melhores. Algumas das características descritas aqui serão apresentadas mais adiante, ao se tratar do sensoriamento remoto da superfície terrestre.

2.4 Sensoriamento remoto da superfície

A superfície terrestre constitui-se dos mais diversos componentes e ambientes: oceanos, águas interiores na forma de lagos e rios, vegetação arbórea, vegetação herbácea, culturas agrícolas perenes, semiperenes e anuais, solos, rochas, desertos, materiais artificiais, estruturas urbanas e antrópicas etc. Esses múltiplos componentes e ambientes podem estar isolados ou agrupados em infinitos arranjos. Podem ter mobilidade no espaço e ter suas propriedades modificadas no tempo. Por exemplo, as áreas ocupadas por uma determinada cultura em um ano agrícola podem não ser as mesmas do ano anterior;

ou o volume de sedimentos em um rio pode ser diferente ao longo do ano, em função da estação de chuvas. O homem tem interesse em analisar e conhecer esses objetos, suas propriedades, suas relações e suas mudanças, mas, para fazer isso, precisa de instrumentos adequados. Dependendo da escala em que se queira estudar esses objetos, os sensores remotos podem ser praticamente o único mecanismo viável. Por exemplo, para quantificar o desflorestamento na Amazônia, é fundamental o uso de sensores remotos, uma vez que as dimensões da região são enormes, tornando uma medição exaustiva de campo praticamente inviável. Assim, o uso de sensores remotos amplia a possibilidade de medições dos objetos. Muitas vezes, esses sensores tornam-se imprescindíveis, e outras vezes os únicos viáveis.

O sensoriamento remoto da superfície visa medir propriedades dos objetos ou identificá-los, de modo que tais dados possam contribuir na geração de informações acerca da natureza dos objetos em si mesmos e também das suas relações com outros objetos e com o ambiente em geral. Para tanto, são utilizados dispositivos que medem a radiação eletromagnética proveniente dos objetos, sem que esses dispositivos estejam em contato direto com tais objetos. O mais comum é que tais dispositivos (radiômetros, câmeras, radares etc.) estejam a metros, quilômetros ou a centenas de quilômetros dos objetos. Tipicamente, um satélite para observação da Terra está entre 500 e 1.000 quilômetros de altitude.

Essa radiação eletromagnética proveniente dos objetos, e detectada pelos sensores remotos, pode ter três origens principais:

a) resultar da emissão de energia pelos próprios objetos, fruto da sua temperatura e emissividade, segundo a Equação 2.4;

b) resultar da reflexão da energia solar direta ou indireta após um processo de interação com o objeto (sensoriamento remoto passivo);

c) resultar de um processo de reflexão da energia transmitida por um dispositivo após um processo de interação com o objeto (sensoriamento remoto ativo).

Esses processos têm natureza distinta uns dos outros, e a energia que retorna ao sensor após deixar os objetos porta informações sobre distintos processos biofísicos e estruturais desses objetos. Dependendo da situação, da variável de interesse a ser medida etc., pode ser mais conveniente usar um ou outro tipo de sensoriamento remoto.

Os três grandes mecanismos de sensoriamento remoto quanto ao seu processo de operação mostrados aqui podem ser sintetizados na Figura 2.6.

$$M = \varepsilon \cdot \sigma \cdot T^4 \qquad (2.4)$$

Onde M é a energia emitida pelo objeto (watts $\cdot$ m^{-2}), ε é a emissividade, σ é a constante de Stefan-Boltzmann ($5{,}6697 \times 10^{-8}$ watts $\cdot$ m^{-2} $\cdot$ K^{-4}) e T é a temperatura do objeto (K).

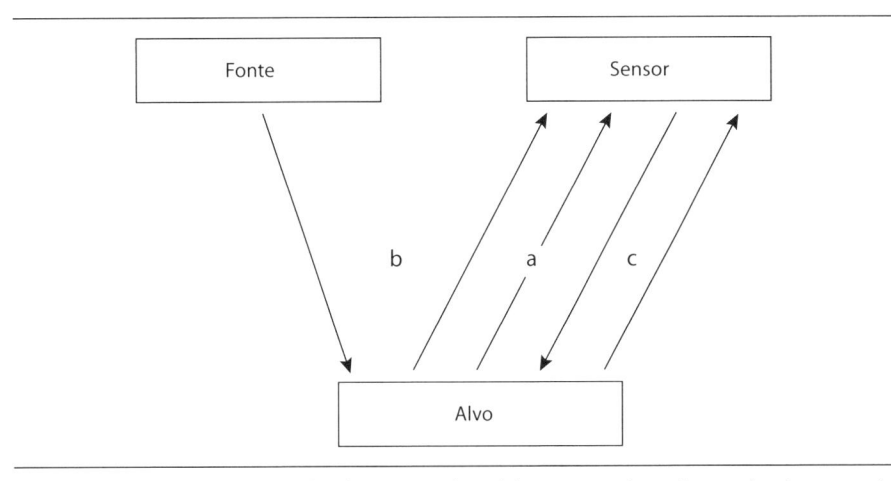

FIGURA 2.6 – Tipos básicos de relação entre objeto/alvo, sensor e fonte de energia. a) processo de emissão, b) e c) processos de reflexão; a) e b) são chamados de sensoriamento remoto passivo e c) de sensoriamento remoto ativo.

O sensoriamento remoto baseia-se num conjunto de conceitos fundamentais que lhe dão sustentação teórica. Embora um aprofundamento conceitual fuja do escopo deste texto – o qual pode ser buscado em textos como Novo (2008) e Jensen (2009), é importante que se apresentem alguns conceitos e grandezas radiométricas que constituem o cerne do processo de imageamento.

Todos os objetos com temperatura acima do zero absoluto emitem energia. Os objetos da superfície terrestre estão constantemente emitindo energia eletromagnética. Parte dessa energia emitida pode ser captada por sensores remotos apropriados (é o caso a, discutido anteriormente). A emissão é uma função direta da temperatura. Quanto maior a temperatura do objeto, maiores as emissões. Assim, o Sol, que está a uma temperatura aproximada de 6.000 K, emite muito mais energia do que a Terra, que está a uma temperatura média aproximada de 300 K. Não obstante todos os corpos emitirem radiação em todos os comprimentos de onda, cuja intensidade pode ser calculada de acordo com a Lei de Planck para qualquer temperatura e comprimento de onda, há um comprimento de onda de máxima emissão para cada temperatura.

De acordo com a Lei de Deslocamento Wien (Equação 2.5), que é derivada da lei de Planck, o Sol tem o pico de emissão na região do visível do espectro eletromagnético, na região do verde (0,55 µm). Em geral, os objetos da superfície terrestres emitem energia com um máximo na região do infravermelho termal (ao redor de 9,6 µm).

Lei do Deslocamento de Wien, de comprimento de onda de máxima emissão em função da temperatura:

$$\lambda_{\text{máx.}} = \frac{2.898(\mu mK)}{T(K)} \tag{2.5}$$

Por exemplo, o comprimento de onda de máxima emissão de uma queimada que esteja a aproximadamente 800 K será em:

$$\lambda_{\text{máx}} = \frac{2.898(\mu mK)}{800(K)} \quad \text{ou} \quad 3{,}62\ \mu\text{m}.$$

Assim, numa imagem de satélite sensível a essa faixa de comprimentos de onda, os alvos de queimada, por estarem àquela temperatura, aparecerão com maior sinal de resposta (geralmente em tons claros). O conhecimento do comportamento dos alvos, quanto às suas emissões e reflexões, constitui a base do sensoriamento remoto. É a partir dessa interação básica entre a energia e os objetos e do posterior registro da energia resultante dessa interação que se abre a possibilidade de reconhecer os objetos ou extrair informações de interesse sobre eles.

Embora o Sol tenha um comprimento de onda de máxima emissão, ele emite energia em todos os comprimentos de onda, porém em quantidades diferenciadas, de acordo com o comprimento de onda. Essa distribuição da energia solar (ou de qualquer corpo) em função da sua temperatura segue a Lei de Planck, da qual a lei de Wien é uma derivação.

2.4.1 Grandezas radiométricas básicas

Como o sensoriamento remoto lida com a interação da radiação eletromagnética com os objetos, elementos ou alvos da Terra, sejam eles naturais ou artificiais, é preciso conhecer algumas grandezas ou variáveis que estão envolvidas nesse processo, desde a emissão da energia pelo emissor (Sol ou outro dispositivo emissor) até o registro da energia pelo sensor remoto. Cada área do conhecimento tem as grandezas próprias do seu campo de atuação. No caso do sensoriamento remoto, isso não é diferente. Assim, é importante que sejam apresentadas algumas dessas grandezas que fazem parte do corpo de conhecimento do sensoriamento remoto.

O primeiro conceito importante é o de **fluxo radiante** (Φ_λ), em watt, que é a taxa de energia que atinge, emerge ou passa por uma superfície por unidade de tempo. Como o sensoriamento remoto geralmente é feito utilizando bandas espectrais, é comum o uso do subscrito λ para indicar que se trata de uma medição espectral.

O fluxo incidente sobre uma superfície pode sofrer três processos básicos: absorção, transmissão e reflexão, decompondo-se em fluxo absorvido, transmitido e refletido (Equação 2.6). Assim,

$$\Phi_{i\lambda} = \Phi_{\alpha\lambda} + \Phi_{\tau\lambda} + \Phi_{\rho\lambda} \tag{2.6}$$

Se for feita a divisão de cada fluxo resultante pelo fluxo incidente, têm-se três novas grandezas, que são a absortância (α_λ), a transmitância (τ_λ) e a reflectância (ρ_λ), todas adimensionais. Como o fluxo incidente pode ser muito variável, em virtude da alta variabilidade das condições de iluminação, essas novas grandezas (α_λ, τ_λ e ρ_λ) são mais estáveis quando medidas hemisfericamente e guardam mais relação com as propriedades intrínsecas dos alvos. Porém, na imensa maioria das vezes, não se mede a radiação num hemisfério, mas, sim, em apenas certo ângulo sólido. Nesse caso, pode-se dizer que, embora sejam mais estáveis, não são imutáveis, uma vez que outras variáveis, além do fluxo incidente, influenciam o resultado das medições. Ou seja, a reflectância de um objeto não é função apenas do fluxo incidente. Não obstante, há técnicas para minimizar essa variabilidade indesejável e chegar a valores que se aproximam do valor intrínseco de reflectância para o alvo.

Dessas três grandezas, a reflectância é a mais comum em sensoriamento remoto óptico. Porém, sempre deve ser considerado que há uma interrelação entre elas, pois as três são fruto do mesmo fluxo incidente e, portanto, o comportamento da reflectância espectral de um objeto é o resultado das interações do fluxo incidente com as propriedades do objeto que causam absorção e transmissão da energia. Assim, por exemplo, quando se observa que a folha de uma planta verde sadia tem uma reflectância de 0,45, é importante considerar que os outros 0,55 dividem-se entre processos de absorção e transmissão, uma vez que $1 = \alpha_\lambda + \tau_\lambda + \rho_\lambda$. É dessa relação entre as propriedades de reflexão, transmissão e absorção que emerge o sinal que será registrado numa imagem de sensoriamento remoto e que o analista irá utilizar para inferir propriedades biofísicas dos objetos.

Outra importante grandeza radiométrica que faz parte do corpo de conhecimento do sensoriamento remoto é a **Irradiância** (E_λ, Equação 2.7), cuja unidade é $W \cdot m^{-2}$, e indica o fluxo radiante incidente num objeto por unidade de área. Sua congênere é a **Exitância** (M_λ), com mesma unidade, mas que indica o fluxo radiante que emerge de um objeto por unidade de área. Assim,

$$E_\lambda \quad \text{ou} \quad M_\lambda = \frac{\Phi_\lambda}{A} \tag{2.7}$$

onde A é a área.

Complementando esse conjunto de algumas grandezas envolvidas no sensoriamento remoto, tem-se a **Radiância** (L_λ, Equação 2.8), cuja unidade é $W \cdot m^{-2} \cdot \mu m^{-1} \cdot sr^{-1}$, e que indica o fluxo emitido ou refletido por uma superfície numa dada direção e encerrado num ângulo sólido específico. Esse conceito de radiância é um dos mais fundamentais, visto que se relaciona diretamente com o sinal que é medido por um detector instalado num sensor a bordo de um satélite. Ou seja, a área do detector, projetada pela óptica do sistema sensor a certa altitude, define uma área no terreno, que está a certo ângulo em relação ao detector e da qual emergirá a energia que sensibilizará o elemento detector. Observe que é comum em sensoriamento remoto o uso do subscrito λ, pois, em geral, trata-se de comprimentos de onda específicos ou pequenas faixas espectrais.

$$L_\lambda = \frac{\Phi_\lambda}{A \, \Omega \cos\theta} \tag{2.8}$$

onde Φ é o fluxo radiante, $A \cdot \cos\theta$ é a área projetada na direção do sensor, e Ω é o ângulo sólido pelo qual a energia proveniente do alvo segue até o sensor.

Para outras grandezas e conceitos importantes em sensoriamento, remetemos o leitor a textos específicos, como Moreira (2007), Novo (2008) e Jensen (2009).

2.4.2 Obtenção das propriedades dos objetos

Por meio da medição da energia refletida ou emitida pelos objetos e detectada pelos sensores remotos o analista procura detectar e identificar, além de, muitas vezes, medir ou estimar algumas propriedades de tais objetos. Os primeiros passos nesse processo, obviamente são a detecção e identificação dos objetos, seja, por exemplo, uma casa, um rio, um campo agrícola ou uma floresta. A partir desses primeiros passos no processo de obtenção de informação sobre os objetos, o que era simplesmente sinal bruto detectado por um sensor começa a tornar-se informação útil para o analista e demais interessados em conhecer objetos, feições, propriedades e processos da superfície terrestre (ou de outros planetas).

Dependendo do tipo de objeto em que se está interessado, diferentes elementos de análise podem ser aplicados. Esses elementos são chamados elementos de interpretação e foram desenvolvidos desde os primórdios da interpretação de fotografias aéreas. Embora com modificações, esses elementos ainda são úteis e indispensáveis mesmo quando se analisam imagens orbitais. Particularmente quando as resoluções espaciais ficam mais finas e os detalhes mais aparentes, eles tornam-se mais necessários.

Deve-se ter em mente que o ser humano observa a natureza e os objetos numa visada ou perspectiva horizontal e de curto alcance, na maior parte das vezes. Mesmo a visão tridimensional que temos é utilizada também na horizontal. Temos uma percepção muito limitada quanto à lembrança e análise histórica e, para nós, é difícil traçar uma sequência temporal pictórica dos objetos ao logo do tempo, particularmente quando o período de tempo se alonga. No tocante à sensibilidade visual à energia eletromagnética, o ser humano é limitado à região do visível – uma pequena porção em relação à grande variedade de comprimentos de onda em que os objetos refletem ou emitem. Ou seja, não conseguimos ver os objetos em toda a sua amplitude espectral. Portanto, temos limitações para perceber os objetos em suas conformações espaciais, temporais e espectrais.

Porém, essas limitações humanas podem ser diminuídas pelo sensoriamento remoto. Os sensores remotos fornecem uma visão numa perspectiva superior vertical ou oblíqua, abrangente em termos de área coberta, e podem registrar historicamente as alterações que os objetos e feições sofrem no transcorrer do tempo, além de permitir a exploração de outras regiões do espectro eletromagnético às quais a visão humana é insensível. Dessa forma, o sensoriamento remoto amplia sobremaneira a capacidade de o ser humano explorar o meio que o cerca, abrindo-lhe inúmeras oportunidades de conhecer e informar-se sobre o ambiente e os processos ocorrentes na natureza.

Os principais elementos usados para auxiliar na interpretação ou obtenção do conhecimento visual dos objetos na natureza serão apresentados a seguir. Como muitos deles foram desenvolvidos para as fotografias aéreas, é frequente a necessidade de adaptações quando se trabalha com sensores de baixa resolução espacial. Um princípio fundamental que rege a interpretação é a chamada convergência de evidências, que leva o intérprete a uma maior probabilidade de acerto na sua análise após a observação dos diversos elementos de interpretação.

De acordo com Philipson (1997) e Jensen (2009), os principais elementos de fotointerpretação são:

- **Localização x, y do objeto.** Todo objeto ocupa uma posição espacial, e o seu conhecimento possibilita inferências sobre o objeto. Por exemplo, se há dúvida sobre a interpretação de um objeto numa imagem de satélite, mas se há um controle de campo com GPS, basta confrontar os dois dados para se obter a identificação do objeto na imagem.

- **Tonalidade ou cor.** Os objetos refletem energia nos diversos comprimentos de onda, de acordo com suas propriedades biofísicas. O comportamento de reflexão ou emissão ao longo do espectro é um poderoso elemento de caracterização dos alvos. Esse elemento permite que, por exemplo, uma área de plantação de soja vigorosa seja diferenciada de uma senescente[3]. Ou que um solo claro seja distinguido de um escuro. Os dados de sensoriamento remoto podem ser mono ou multiespectrais, como já foi visto

---

[3] Situação em que a folha ou a planta passam de pleno vigor para um etado de envelhecimento.

anteriormente. Assim, tanto nas imagens monocromáticas como nas coloridas esse caráter de diferenciação é explorado. Há inúmeras técnicas específicas para combinar e realçar as diferenças de tonalidade em cada imagem, de modo a ampliar a capacidade de interpretação dos objetos da natureza.

- **Tamanho**. Relaciona-se com as dimensões lineares ou de área dos objetos. Sua análise pode ser quantitativa (hectare, m^2) ou qualitativa (grande, pequeno, menor). Algumas classes de objetos respeitam certas dimensões, mas outras não. Por exemplo, as construções urbanas têm limite entre alguns m^2 e menos de mil m^2, enquanto as áreas rurais são medidas em hectares. No meio urbano, em geral as unidades homogêneas são menores do que na zona rural. O fator escala também conta, pois pode promover um efeito de agregação. Assim, enquanto as unidades habitacionais são plenamente distinguíveis em fotografias aéreas de grande escala, aglomeram-se e constituem grandes manchas urbanas nas imagens de satélites de pequena escala. Portanto, para analisar esse fator é preciso considerar a escala de obtenção do produto de sensoriamento remoto.

- **Forma**. Cada objeto tem uma forma própria. Por exemplo, as estradas têm traçado linear em terrenos planos, os cursos d'água são meândricos e os campos agrisilvipastoris tendem a ter áreas em formatos relativamente geométricos. Há inúmeras formas que podem se associar a objetos. É comum as formas tenderem a formatos mais regulares e geométricos à medida que tenham intervenção humana.

- **Textura**. É definida pelo microarranjo repetitivo dos elementos que constituem certa região numa imagem. Em escala muito pequena, como em imagens orbitais de sensores de resolução mais grosseiras do que cinco metros, essa característica tende a se homogeneizar. Porém, em imagens de mais alta resolução, os padrões texturais começam a se acentuar e contribuem para a identificação dos objetos.

- **Padrão**. Originalmente, esse elemento aplicava-se ao formato que o conjunto de canais de drenagem assumia na superfície. Porém, ele aplica-se a quaisquer arranjos que os objetos formem. Por exemplo, uma cidade com um mínimo de planejamento tem um padrão de arruamento geométrico, ou uma plantação com as linhas plantadas em espaçamento regulares e visíveis no produto de sensoriamento remoto.

- **Sombra**. Aplica-se principalmente a imagens de sensoriamento remoto de resolução mais fina. Quando uma fotografia aérea ou imagem de satélite de alta resolução é obtida com inclinação elevada ou em horários de baixa elevação solar, o nível de sombra interna na cidade pode causar problemas na interpretação dos objetos. Porém, a sombra pode até mesmo auxiliar na identificação de objetos com maior ou menor altura. A sombra pode ser fator determinante do comportamento espectral de alguns alvos. Por exemplo, florestas densas têm uma quantidade de sombra tal que causa uma diminuição geral dos níveis de reflectância.

- **Altura, profundidade, volume, declive e aspecto**. Esses elementos podem ser derivados de alguns produtos de sensoriamento remoto. Por exemplo, a partir de pares estereoscópicos, podem-se avaliar esses elementos. Para avaliar o volume de escavação de uma mina a céu aberto, tais elementos são essenciais.

- **Localização, situação e associação**. Esses elementos facilitam o trabalho do intérprete. Os elementos que se associam a determinado uso ou objeto na superfície podem indicar e qualificar tal objeto.

O analista junta esses elementos para auxiliá-lo na tarefa de identificar, medir ou qualificar os objetos e fenômenos da superfície.

Há outro nível de análise dos dados de sensoriamento remoto que busca medir ou estimar outras propriedades dos objetos, além daquelas que tradicionalmente são apenas descritivas. São análises que procuram usar os dados de sensoriamento remoto para derivar propriedades físico-químicas ou biofísicas dos objetos. Assim, por exemplo, em vegetação, procuram-se avaliar o índice de área foliar, teores de lignina, celulose e água. Na área de solos, busca-se estimar teores de óxido de ferro, conteúdo de matéria orgânica e textura. Em oceanografia, busca-se avaliar a temperatura da água, altura de ondas, direção do vento. Em hidrologia, medem-se concentração de sedimentos, profundidade óptica. Em geologia, procuram-se identificar absorção da energia eletromagnética por certos minerais, níveis de subsidência (também em áreas sob irrigação e em cidades).

Para medir e avaliar essas propriedades, os sistemas de sensoriamento remoto podem ser divididos, grosso modo, em dois grandes grupos: os ópticos e os de micro-ondas.

2.4.3 Sistemas ópticos

Os sistemas ópticos abrangem uma grande variedade de sensores e conceitos de operação. Tais sistemas são denominados ópticos por operarem na região do espectro óptico (entre 0,35 µm e 15 µm) ou por possuírem dispositivos ópticos, como lentes, espelhos etc. O mais tradicional sistema óptico é a câmera aerofotogramétrica, para aquisição de fotografias aéreas. A fotografia aérea ainda é um importante mecanismo de aquisição de dados para muitas finalidades, notadamente quando se precisa de bom detalhamento dos objetos como, por exemplo, para cadastramentos em áreas urbanas. Os constituintes básicos de uma câmera fotogramétrica padrão são: óptica de coleta (lentes e filtros), diafragma, obturador, plano focal – onde está o filme ou elemento sensível – e outros elementos, como dispositivos de controle e estabilização, montagem, rolos de filmes etc.

As fotografias aéreas podem ser de diversos tipos: preto e branco (pancromático) normal ou infravermelho, colorido normal ou infravermelho e transparência colorida. Também podem ser feitas em várias escalas, e os próprios filmes podem ter características próprias de sensibilidade. Atualmente, há as câmeras digitais, que, em lugar dos tradicionais filmes, possuem superfícies fotossensíveis eletrônicas. Conforme a tecnologia de fabricação desses elementos fotossensíveis evolui em direção a resoluções cada vez mais finas, a qualidade dos produtos digitais aproxima-se da dos produtos analógicos (filmes).

Embora as fotografias aéreas ainda sejam largamente utilizadas, os produtos gerados por satélite são cada vez mais utilizados para atender às diversas aplicações antes restritas às fotografais aéreas. Os sistemas orbitais têm maior flexibilidade de imageamento, pois podem recobrir uma mesma área diversas vezes num determinado período, podem coletar dados tanto de regiões extensas como de áreas pequenas e, com isso, atender a uma gama maior de usuários, além de outras alegadas vantagens.

Os sistemas de imageamento não fotográfico, que operam tanto em aeronaves como em satélites, utilizam detectores eletrônicos em vez de filmes fotográficos. A radiação eletromagnética proveniente dos alvos é dirigida aos detectores. A menor área do terreno a ser imageada corresponde à projeção de cada detector no terreno, ponderada pela distância focal do sensor e pela altitude do satélite, segundo a Equação 2.9, que define o *instantaneous field of view* (Ifov) ou campo instantâneo de visada.

$$IFOV = D/f \text{ (em radianos)}$$

$$\text{ou } HD/f \text{ (em m, também denominado Gifov)} \qquad (2.9)$$

onde H é a altitude a que se encontra o sensor, D é a dimensão linear do detector e f é a distância focal.

Assim, se um sensor está a bordo de um satélite a 705 km de altitude, tem uma distância focal de 243,8 cm e o detector tem uma dimensão linear de 103,632 μm, então o Ifov medido no terreno (Gifov) será de 30 m, que, nesse exemplo, corresponde às características do Thematic Mapper (TM)/Landsat. Neste ponto, é importante que se fale de outro conceito em sensoriamento remoto, que é FOV (*field of view*) ou campo de visada. O campo de visada (FOV) refere-se à máxima largura de imageamento do sensor. Nas condições de imageamento orbital, o conjunto de Ifovs numa linha de imageamento constitui o FOV do sensor. No caso do TM/Landsat, por exemplo, o FOV é de 185 km, que é constituído pelos milhares de Ifovs (30 m cada) pertencentes a cada linha de imageamento.

Como a altitude de operação dos satélites de sensoriamento remoto de órbita polar varia pouco – em geral, entre 600 km e 800 km –, há uma relação de compromisso entre o FOV e o Ifov, ou seja, para conseguir boas resoluções espaciais, há um sacrifício da largura da faixa imageada, considerando um sistema de detecção fixo (detectores, plano focal etc.). Com o desenvolvimento tecnológico no campo da óptica e dos detectores, essa relação tem melhorado no sentido de aumentar a largura da faixa imageada sem sacrificar em demasia a resolução espacial. Isso é importante, pois a largura da faixa imageada tem uma relação inversa com a frequência de revisita de imageamento. Considerando que o perímetro equatorial da Terra é fixo (~40.075 km) e que o número de órbitas diárias do satélite de órbita polar é praticamente constante (~14), fica claro que se o FOV for mais largo, em menos dias a Terra poderá ser recoberta pelo sistema de sensoriamento remoto. Assim, enquanto o TM/Landsat com seu FOV de cerca de 185 km leva 16 dias para recobrir a Terra, a câmera CCD/Cbers com seu FOV de 113 km demora 26 dias.

Essas considerações devem ser ponderadas, pois há que se considerar a existência de diversos sistemas orbitais que possuem mecanismos que permitem uma diminuição do tempo de revisita a um determinado local – obviamente, em detrimento do imageamento sistemático. Por exemplo, o dispositivo de visada lateral de uma câmera imageadora ou o próprio movimento do satélite em torno do eixo do seu deslocamento possibilita a aquisição de imagens laterais à trajetória subsatélite em que o satélite se desloca, o que amplia a capacidade de revisita do sistema orbital.

Os sensores ópticos de sensoriamento remoto oferecem uma gama muito grande de dados. As resoluções espaciais vão desde decímetros até centenas de metros. Os de alta resolução espacial permitem análises detalhadas de ambientes urbanos, pontos de poluição, planejamentos diversos em vários segmentos, identificação de objetos com alto grau de detalhamento e aplicações em inúmeros campos que requeiram detalhamento da superfície. Os sistemas atuais de alta resolução são versáteis quanto à aquisição de dados, e podem atender aos usuários com alta frequência de revisita, por meio da movimentação de rolamento do satélite.

Os sistemas ópticos também têm a característica da multiespectralidade, que pode ser de apenas algumas bandas, como a CCD/Cbers, o TM/Landsat, passando por sistemas com algumas dezenas de bandas espectrais, como o Moderate Resolution Imaging Spectroradiometer (Modis) com 36 bandas, ou ainda os hiperespectrais com mais de uma centena de bandas, como o *Hyperion*. À medida que mais bandas são adicionadas aos sensores, mais detalhes do comportamento espectral dos objetos podem ser identificados. Como a reflexão da energia eletromagnética pelos objetos é o elemento fundamental sobre o qual são construídas todas as análises subsequentes, torna-se patente que, quanto mais detalhes espectrais puderem ser obtidos, maior o potencial analítico do sensoriamento remoto. Em geral, quanto mais bandas presentes num certo sensor, mais estreitas são as bandas individuais. Bandas estreitas levam a um maior grau de detalhamento das feições espectrais dos objetos e, como consequência, a um maior potencial para seu reconhecimento, discriminação e análise.

Embora não seja uma característica específica dos sistemas ópticos, a capacidade de revisita do sistema ou de repetição das observações é um fator importante no sensoriamento remoto da superfície. Ela permite que um objeto ou fenômeno seja monitorado de tempos em tempos, que podem ser mais longos ou mais curtos. Um maior número de observações de um objeto ao longo do tempo aumenta as chances de o analista identificar o objeto, avaliar as alterações em suas propriedades e prever futuros comportamentos, entre outras possibilidades. Nesse aspecto, os sistemas ativos levam uma vantagem sobre os sistemas ópticos, como será visto a seguir.

2.4.4 Sistemas ativos

Até algum tempo atrás, o termo "sistema ativo" referia-se quase que exclusivamente a sistemas de radar, que operam na região das micro-ondas. Porém, a rigor, nem todo sistema que opera na região das micro-ondas é ativo, e nem todo sistema ativo opera nas micro-ondas. Por exemplo, os chamados radiômetros de micro-ondas são sistemas passivos, pois medem a radiação eletromagnética emanada pelos objetos na região das micro-ondas. Por outro lado, os sistemas de laser ou Ligth Detection and Ranging (Lidar) operam na região óptica (visível e infravermelho), mas são sistemas ativos, pois transmitem um pulso que vai interagir com os objetos da superfície terrestre. Os chamados sistemas ativos têm exatamente essa característica – a de fornecerem a energia que irá interagir com os alvos. Esses sistemas independem da energia solar para iluminar os objetos e, portanto, podem operar a qualquer hora, mesmo à noite.

O principal sistema ativo é o Radio Detection and Ranging (radar), embora os sistemas Lidar venham ganhando espaço em termos de aplicações e de sistemas disponíveis. Os primeiros radares foram desenvolvidos na segunda guerra mundial. Nos anos 1960 e 1970, foram extensivamente usados em aeronaves para fins civis. Um exemplo foi o projeto Radam, que promoveu o recobrimento do Brasil com um radar aerotransportado e permitiu a geração de material básico de valor inigualável sobre geologia, solos, geomorfologia, vegetação, aptidão e uso da terra. A história desse projeto pode ser encontrada em Lima (2008).

Ainda em fins de 1978 foi lançado o primeiro sistema orbital de radar, especificamente para sensoriamento remoto, denominado SeaSat, que operou por apenas três meses. Depois, em 1981 e 1984, houve dois experimentos com radar a bordo da Space Shuttle. Embora os satélites ERS-1 e 2 – European Remote Sensing Satellites –, da Agência Espacial Europeia e o Jers-1 – Japanese Earth Resources Satellite –, da Agência Espacial Japonesa, lançados em 1991 e 1992, respectivamente, tenham ido ao espaço antes do Radarsat, do Canadá (1995), esse pode ser considerado o primeiro sistema radar dedicado e operacional. Depois, vieram mais sistemas radar, como o Radarsat-2, o Envisat e, mais recentemente, o TerraSar-X, o Alos/PalSar e o sistema Cosmo/SkyMed.

Um radar genérico é composto basicamente pelos seguintes componentes: um gerador de pulsos, cuja função é promover descargas de pulsos de energia regularmente espaçados no tempo; um transmissor; um duplexador, que alterna entre a recepção e a transmissão dos pulsos; uma antena; um receptor e um gravador de dados. Uma característica atual de alguns sistemas radar é a de os transmissores e receptores possuírem a capacidade de identificar e reter a informação de fase e amplitude do sinal. Quando presentes, essas características adicionam capacidades específicas aos radares, como altas resoluções e interferometria (Henderson e Lewis, 1998).

Os sistemas de radar têm uma grande vantagem sobre os sistemas ópticos, por operarem numa faixa de comprimentos de onda (Tabela 2.2) pouco sensíveis à presença de nuvens. Tal característica faz com que os imageamentos com radar sejam muito eficientes, ou seja, uma vez feitos, há praticamente a certeza de que os dados serão aproveitáveis. Isso não ocorre com os sistemas ópticos, pois as nuvens impedem a observação da superfície e se tornam fator impeditivo para que imageamentos, embora feitos, sejam aproveitáveis. Particularmente em regiões tropicais, a eficiência de aquisições úteis com sistemas ópticos diminui muito em certas épocas do ano. Outra característica positiva dos sistemas ativos é que não dependem da energia solar para realizar os imageamentos, uma vez que eles próprios proveem a energia eletromagnética que irá interagir com os alvos. Isso é particularmente importante, pois esses sistemas podem operar em horários mais apropriados, seja para melhor adequação à sua missão seja para aumentar a eficiência das estações de recepção terrenas – uma vez que podem minimizar a coincidência de passagens com outros sistemas orbitais, fato que muitas vezes obriga as estações a optar pela aquisição de um dos sistemas. Essa característica também permite que os imageamentos ocorram em qualquer sentido da órbita – ascendente ou descendente –, o que não só aumenta a frequência de revisita a certo objeto como também adiciona um elemento importante de análise, que é a visada sob diferentes perspectivas de imageamento (oeste-leste e leste-oeste).

Tabela 2.2 – Principais bandas de operação dos radares para sensoriamento remoto		
Banda radar	Comprimento de onda (cm)	Frequência (MHz)
P	136-77	220-390
L	30-15	1.000-2.000
S	15-7,5	2.000-4.000
C	7,5-3,75	4.000-8.000
X	3,75-2,40	8.000-12.500

Como se vê, o radar opera em regiões espectrais muito afastadas em relação àquelas em que a percepção humana atua. A natureza das interações entre energia e matéria na região de operação do radar é distinta quando comparada com a da região óptica. Enquanto nesta os processos principais são de natureza físico-química e estrutural, na região das micro-ondas os processos principais são os de natureza geométrica e elétrica. Esses fatores fazem com que a interpretação e análise das imagens geradas pelos radares sejam mais complexas. Os processamentos digitais envolvidos na geração dos produtos de radar também são mais sofisticados, uma vez que o controle dos sinais transmitidos e recebidos pelo radar tem de ser de alta precisão.

Um sistema radar é constituído basicamente de um transmissor, que transmite continuamente pulsos de micro-ondas numa determinada frequência; um receptor, que recebe o sinal que é refletido pela superfície e captado pela antena, e o filtra e amplifica apropriadamente; uma antena, que transmite um feixe estreito de micro-ondas na direção do alvo; um gravador de bordo; e um sistema de transmissão do sinal para as estações em terra. Atualmente, os radares imageadores são do tipo abertura sintética – Synthetic Aperture Radar (SAR) – ou Radar de Abertura Sintética, pois por meio eletrônico conseguem operar como se sua antena fosse muito maior do que fisicamente é na realidade. Essa configuração dos radares de abertura sintética permitiu que os radares tivessem grande evolução, uma vez que o tamanho da antena deixou de ser um problema, já que, com antenas pequenas, consegue-se simular antenas grandes.

A Equação 2.10 é chamada "equação do radar" e contém as principais variáveis que influenciam o brilho numa imagem de radar.

$$P_r = \frac{\sigma G^2 P_t \lambda^2}{(4\pi)^3 R^4} \qquad (2.10)$$

Na Equação 2.10, P_t é a potência retornada à antena a partir da superfície terrestre; R é a distância do objeto (superfície) até a antena; P_t é a potência transmitida; λ é o comprimento de onda; G é o ganho da antena; σ é o coeficiente de retroespalhamento. Vê-se que esta última variável é a única que não é controlada, e é justamente a que porta informações sobre as características do objeto.

A frequência de operação do radar tem implicações no sensoriamento remoto dos objetos. Como mostrado na Tabela 2.2, os radares podem operar em diferentes frequências, cada uma possuindo denominação própria e capacidade diferenciada de interação com os objetos. A radiação de frequências menores (maiores comprimentos de onda) tem maior capacidade de penetração nos objetos. Por exemplo, ao imagear uma superfície coberta por vegetação arbórea, o resultado da interação da energia com a superfície será diferente em virtude da frequência: a radiação gerada por um radar operando em banda P conseguirá penetrar mais profundamente na vegetação e, eventualmente, atingir o solo. Por outro lado, um radar operando na banda X, de maior frequência, penetrará menos nos objetos, e portará informação mais da superfície deles. Assim, dependendo do objetivo que se tem quanto ao objeto a ser observado e da informação a ser obtida, uma frequência radar pode ser mais apropriada que outra.

A polarização da onda eletromagnética é outra característica importante dos radares. Esse é um fator adicional de análise dos alvos, já que eles se comportam diferenciadamente quanto à polarização da radiação. Os radares são projetados para transmitir e receber ondas eletromagnéticas com o vetor do campo elétrico predominantemente horizontal (H) ou vertical (V) em relação ao plano da superfície terrestre. Mas esse vetor ainda pode ser circular ou elíptico. Assim, os sistemas radar podem ser caracterizados como HH, VV, HV, VH, com a primeira letra indicando a transmissão da onda na polarização vertical (V) ou horizontal (H) e a segunda letra indicando a polarização da recepção. Um radar HH indica que ele transmite e recebe radiação orientada horizontalmente. Múltiplas combinações podem ser encontradas nos radares. À medida que a tecnologia avança, mais e mais sensores radar apresentam maior capacidade de diversificar as combinações e medições das características de polarização. O campo da polarimetria está em franco desenvolvimento.

Duas importantes variáveis do terreno modelam a interação da energia nas micro-ondas com os objetos. Uma é a umidade e a outra é a rugosidade. A umidade modela a constante dielétrica dos objetos, o que por sua vez altera o coeficiente de retroespalhamento. A magnitude da rugosidade superficial afeta diferenciadamente o comprimento de onda; superfícies mais rugosas tendem a espalhar mais energia, enquanto superfícies mais lisas (em relação ao comprimento de onda) tendem ter menor retroespalhamento.

A geometria do imageamento radar também exerce papel importante na resposta dos objetos. A geometria básica de operação de um radar é apresentada na Figura 2.7. Vê-se que o imageamento é feito lateralmente. Isso implica numa variação da distância entre o sistema de aquisição (avião ou satélite) e as diferentes posições no terreno. Esses aspectos geométricos têm implicações na formação da imagem e levam a uma necessidade de correções para, por exemplo, passar a imagem de um formato *slant range* (projeção lateral) para *ground range* (projeção vertical). Vê-se também que podem existir aspectos do terreno que causam ausência do sinal radar (na Figura 2.7, a área de sombra do radar); tais áreas ficam virtualmente sem informação, já que a onda eletromagnética não as atinge e não há sinal de retorno ao radar. Outros efeitos podem ocorrer, notadamente em regiões de relevo movimentado.

Atualmente, os sistemas de imageamento radar têm experimentado notável desenvolvimento, e novos campos de aplicação têm surgido, como, por exemplo, a **interferometria SAR**. Na interferometria, dois imageamentos de um mesmo local são comparados por meio de diferenças de fase e/ou amplitude entre as duas aquisições, e com isso consegue-se medir variações que ocorreram entre os dois imageamentos. Como os imageamentos radar têm alta precisão geométrica, é possível detectar pequenos movimentos, como por exemplo, subsidência de terrenos ou construções, deslocamento de massas, como deslizamentos etc. Um exemplo importante desse tipo de aquisição foi o que derivou da missão Shuttle Radar Topographic Mission (SRTM), que foi operada a bordo do ônibus espacial STS-99 *Shutlle Endeavour*. Essa missão permitiu um mapeamento topográfico de praticamente toda a Terra. A junção da interferometria com a polarimetria permitiu o surgimento de uma nova técnica denominada Interferometria Polarimétrica SAR (PolInSAR).

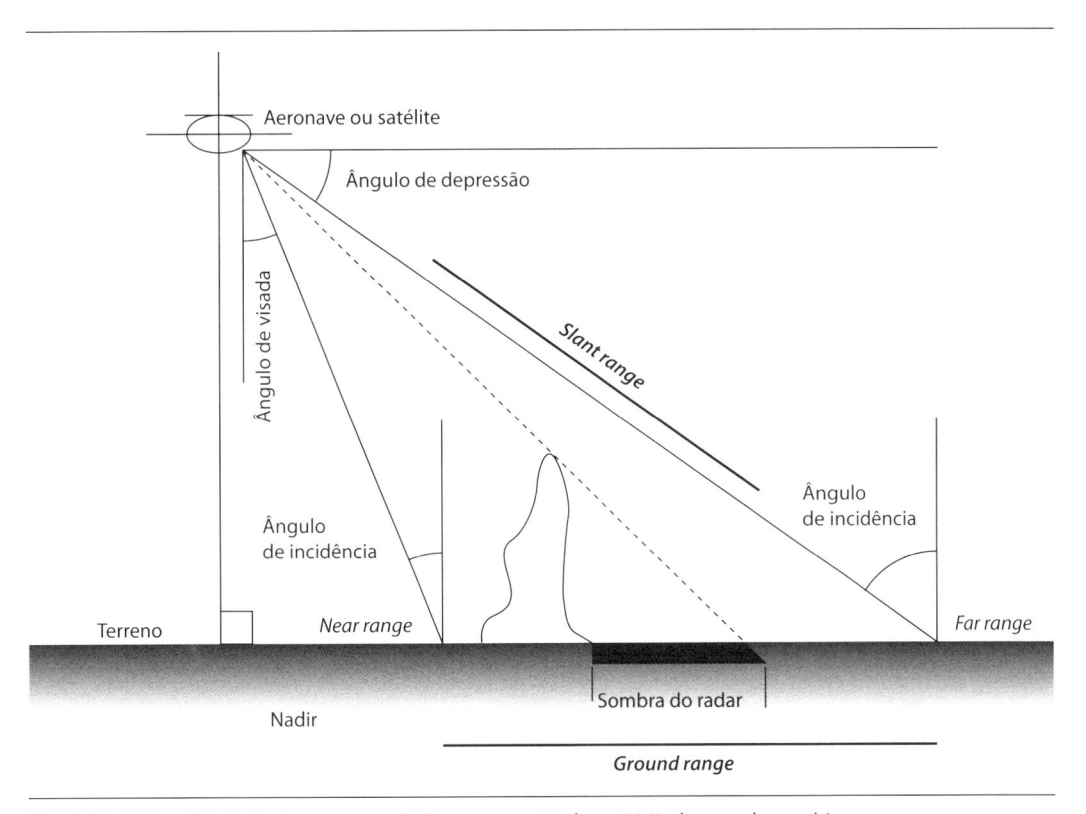

FIGURA 2.7 – Principais elementos envolvidos na geometria de aquisição de um radar genérico.

Referências bibliográficas

FATTORI, A. P.; CEBALLOS, J. C. Glossário de termos técnicos em radiação atmosférica – versão 2.0. 2009. Publicação online. Instituto Nacional de Pesquisas Espaciais. Disponível em: <http://satelite.cptec.inpe.br/radiacao/glossar/glossar.htm>. Data de acesso: 6 jan. 2010.

Henderson, F. M.; Lewis, A. J. *Principles and applications of imaging radar*. Bethesda: ASPRS e John Wiley, 1998. 900p.

Jensen, J. R. *Sensoriamento remoto do ambiente*: uma perspectiva em recursos naturais. Tradução José Carlos Neves Epiphanio et al. São José dos Campos: Parêntese Editora, 2009. 600p.

Lima, M. I. C. *Projeto RADAM*: uma saga amazônica. Belém: Paka-tatu, 2008. 180p.

Liou, K. N. *An introduction to atmospheric radiation*. New York: Academic Press, 1980. 392p.

Moreira, M .A. *Fundamentos do sensoriamento remoto e metodologias de aplicação*. 3. ed. Viçosa: UFV, 2007. 241p.

Novo, E. M. M. L. *Sensoriamento remoto*: princípios e aplicações. 3. ed. São Paulo: Blucher, 2008. 388p.

Philipson, W. *The manual of photographic interpretation*. 2. ed. Bethesda: ASPRS, 1997. 700p.

3 O programa espacial brasileiro

3.1 Introdução

Embora tenham existido algumas iniciativas relacionadas às atividades aeronáuticas, como a criação do Instituto Tecnológico da Aeronáutica (ITA), e espaciais na Universidade de São Paulo (USP), as atividades espaciais propriamente ditas institucionalizaram-se efetivamente no Brasil logo depois de alguns episódios marcantes, como a entrada em órbita do primeiro satélite artificial – o Sputnik – lançado pelos russos (1957), a criação da National Aeronautics and Space Administration (Nasa) pelos norte-americanos (1958), a ida do primeiro animal ao espaço (a cadela Laika, ainda em 1957) e a ida do primeiro homem ao espaço (Yuri Gagarin, russo, em 1961).

Em agosto de 1961, como parte do périplo de Yuri Gagarin pelo mundo, ele foi recebido na recém-inaugurada Brasília pelo então presidente Janio Quadros. Nesse mesmo ano foi criado, por decreto presidencial, o Grupo de Organização da Comissão Nacional de Atividades Espaciais (Gocnae), cujo primeiro Diretor Científico foi o engenheiro e major Dr. Fernando Mendonça, à época, recém-doutorado em Stanford, Estados Unidos. Em 1963, a Gocnae evoluiu para a Comissão Nacional de Atividades Espaciais (Cnae), a qual, após sua extinção, veio a dar origem ao Instituto de Pesquisas Espaciais (Inpe, 1971), que, nos anos 1980, foi rebatizado como Instituto Nacional de Pesquisas Espaciais, mantendo desde então a mesma sigla.

Até 1984 o Inpe pertencia ao Conselho Nacional de Pesquisas (CNPq); depois, vinculou-se diretamente ao Ministério da Ciência e Tecnologia. Em 1994, foi criada a Agência Espacial Brasileira (AEB), com a finalidade básica de regular e promover o desenvolvimento do setor espacial no País. Uma excelente revisão histórica das atividades espaciais brasileiras pode ser encontrada em Moraes e Chiaradia (2007).

O Programa Espacial Brasileiro, no seu formato atual, configura-se como um conjunto ordenado de propostas e ações com vistas ao desenvolvimento desse segmento no País. É consolidado periodicamente num documento ordenador sob a responsabilidade da Agência Espacial Brasileira (AEB). Se até alguns anos atrás poucos países estavam efetivamente envolvidos em Programas Espaciais mais complexos, atualmente há uma gama muito grande de países que atuam em um ou mais segmentos desse setor. Portanto, o ordenamento do Brasil quanto às suas atividades relacionadas ao espaço torna-se significativo, pois funciona como um mecanismo de identificação estratégica de oportunidades e de ações num setor crucial para o País.

Um Programa Espacial envolve múltiplas iniciativas e setores da sociedade, como segurança e defesa, aplicações civis, desenvolvimento industrial, desenvolvimento do setor de lançamentos, construção de sistemas ligados aos satélites propriamente ditos, sistemas de controle, recepção e processamento de dados, serviços de diversas naturezas etc. Os países identificam os setores para focalizar as pesquisas e os desenvolvimentos, bem como os investimentos. Neste capítulo, o foco será basicamente naqueles setores de aplicações civis do Programa Espacial e, mais especificamente, naquelas atividades em que o Brasil tem tido atuação efetiva e que guardam relação com as ações de observação da Terra.

Nesse sentido, o papel desempenhado pelo Inpe tem sido de grande relevância, pois, desde o início de suas atividades, buscou abranger aqueles aspectos essenciais a um programa de pesquisa e aplicações no campo espacial. Por exemplo, em 1968 instituiu um programa de pós-graduação em meteorologia. Desde aquela época, esse é um setor muito afeito ao setor espacial, pois os satélites em configurações variadas conseguem atender a múltiplos requisitos de dados úteis para o campo da meteorologia. Dois dos grandes tipos de satélites – os de órbita geoestacionária e os de órbita polar (Figura 3.1) – cobrem boa parte das necessidades meteorológicas em termos de dados: grandes frequências de revisitas para os eventos dinâmicos e boa resolução espacial para a geração de modelos, além de outros tipos de dados.

Nessa mesma época, o Inpe também criou um curso de mestrado em sensoriamento remoto – outro segmento típico da área espacial. Na realidade, foi o primeiro curso no mundo a ter especificamente esse nome, já que o termo "sensoriamento remoto" havia sido criado apenas no início dos anos 1960. Portanto, o Brasil ingressou muito cedo no campo das atividades espaciais, notadamente pelo canal da formação de pessoal e da criação de infraestrutura de dados e pesquisa, como se verá adiante.

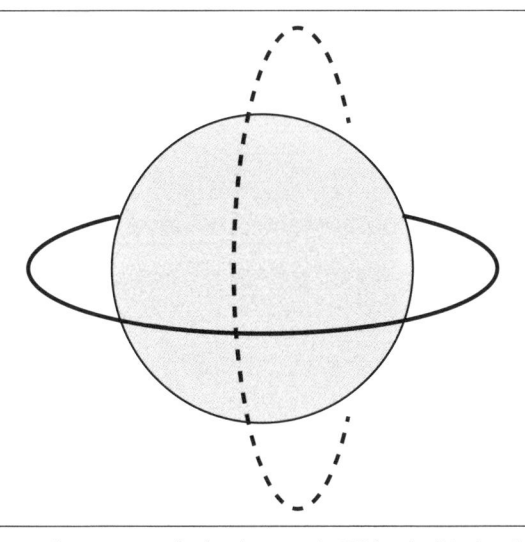

FIGURA 3.1 – Órbita polar ou quase polar (- - -) a cerca de 750 km de altitude e órbita geoestacionária (———) a cerca de 36.000 km de altitude.

3.2 Estrutura do programa espacial brasileiro

O Programa Espacial Brasileiro, ou mais especificamente o Programa Nacional de Atividades Espaciais (Pnae) (AEB, 2005), em sua última revisão periódica, procura abranger a estratégia condutora do País nesse campo e discute os vários segmentos constituintes de interesse para os investimentos a serem feitos.

Do ponto de vista estratégico, o Brasil, dotado de grande área territorial e com grande diversidade ecológica e ambiental, possuidor de fronteiras com múltiplos países, com grande população – mas com densidades variáveis –, uma economia com forte dependência de produtos primários – mas que também possui um setor industrial forte –, e com várias outras características importantes, é praticamente obrigado a desenvolver um setor espacial que atenda às diversas necessidades que podem ser supridas por sistemas espaciais, nas múltiplas partes da sua cadeia de desenvolvimento. Entre essas necessidades estratégicas estão a observação da Terra, o desenvolvimento científico e tecnológico espacial, as telecomunicações, a meteorologia, a infraestrutura espacial, a política industrial, além da formação de recursos humanos.

Em 1996 foi instituído pelo Decreto n. 1.953, de 10 de julho, o Sistema Nacional de Desenvolvimento de Atividades Espaciais (Sindae), que regula as atividades espaciais no País. O Sindae reúne diversos órgãos de diversas instâncias governamentais, cada uma com seu papel. A AEB exerce o papel de coordenação central. Os órgãos de execução são o Inpe e o Departamento de Pesquisa e Desenvolvimento (Deped), do Comando da Aeronáutica. Sob o Deped estão o Instituto de Aeronáutica e Espaço/Centro Técnico Aeroespacial (IAE/CTA), o Centro de Lançamento de Alcântara (CLA) e o Centro de Lançamento da Barreira do Inferno (CLBI). Além desses, há os órgãos e entidades participantes, que envolvem o setor industrial e as universidades envolvidas em pesquisa e projetos na área espacial, além de um amplo conjunto de infraestrutura de apoio, com laboratórios e centros de finalidades diversas.

O segmento espacial é complexo e exige diversos órgãos para a sua execução. No entanto, os principais órgãos setoriais do Sistema Nacional de Desenvolvimento de Atividades Espaciais brasileiro, responsáveis pela execução dos principais projetos e atividades estratégicos do Pnae, são o Instituto Nacional de Pesquisas Espaciais (Inpe), do MCT, e o Deped, do Comando da Aeronáutica (Comaer), do Ministério da Defesa. O Deped é o executor dos projetos de veículos lançadores; é responsável pela implantação e atividades de operação e manutenção da infraestrutura pertinente, e, além disso, coordena e executa atividades de pesquisa e desenvolvimento de interesse para os sistemas de transporte espacial.

O Inpe é o responsável pela execução dos projetos de satélites e cargas úteis e de suas aplicações, bem como da implantação e das atividades de manutenção e operação da infraestrutura associada ao desenvolvimento, integração, testes, rastreio e controle de satélites, e da recepção, processamento e disseminação de dados de satélites. Cabe ainda ao Inpe a coordenação e execução das atividades de pesquisa e desenvolvimento nos campos das ciências e das aplicações espaciais, como também no das tecnologias de satélites, cargas úteis e domínios correlatos.

Esses órgãos responsáveis pela execução do Sindae buscam parcerias nos diversos setores públicos e privados da sociedade e estimulam o desenvolvimento do segmento espacial no País. Todavia, muitas atividades ligadas ao segmento espacial – especialmente no campo da pesquisa e das aplicações – não estão vinculadas diretamente ao Pnae, e desenvolvem-se sob os auspícios de outros órgãos, como universidades, empresas, órgãos públicos, organizações não governamentais etc. Ou seja, o universo das atividades espaciais no País é mais amplo do que aquele delimitado pelo Sindae.

Uma vez vista a estrutura básica do Programa Nacional de Atividades Espaciais brasileiro, esse texto passa a delimitar-se mais pelo âmbito do segmento espacial e do segmento de solo – aplicações, ou seja, aqueles que tratam dos satélites, suas cargas úteis, seus produtos e processamentos, e aplicações. Não serão mais tratados aqui os aspectos ligados ao transporte espacial, relacionado ao lançamento de satélites, como bases de lançamento, foguetes e veículos.

3.3   O segmento espacial e de solo – aplicações

O segmento espacial de um programa espacial compõe-se dos sistemas que permanecem no espaço após a operação de lançamento. São os satélites propriamente ditos. O segmento solo – aplicações responsabiliza-se pelo controle e gerenciamento dos sistemas que estão no espaço; pela recepção primária, além do processamento, do armazenamento, da distribuição e do gerenciamento dos dados gerados. Responsabiliza-se também pelo desenvolvimento de aplicações e pelo relacionamento com os usuários.

No caso brasileiro, são poucas as missões levadas a efeito até o momento. Basicamente, quando se relaciona com a observação da Terra, três grandes programas serão aqui descritos: o Satélite de Coleta de Dados, o China-Brazil Earth Resources Satellite (Cbers) ou Satélite

Sino-Brasileiro de Recursos Terrestres e o Satélite Amazônia-1. Porém, antes de entrar na apresentação desses programas, é importante que se revisem alguns conceitos ligados às missões espaciais, entre as quais se incluem os programas brasileiros. Depois, mostra-se como essas conceituações aplicam-se aos casos brasileiros.

3.3.1 Os satélites

Quanto aos satélites, uma fase fundamental na sua concepção é a definição da sua missão. A missão é a finalidade mestra para a qual o satélite é projetado. Assim, de acordo com a missão de um satélite – a obtenção das características espaciais das áreas urbanas ou o monitoramento agrícola, por exemplo – suas características (plataforma e carga útil) podem ser bem diversas. No primeiro caso, as exigências de detalhamento das feições do terreno em termos de resolução espacial são muito maiores do que no caso da agricultura. Por outro lado, a atividade de monitoramento agrícola exige uma frequência temporal de imageamento bem maior do que no caso das áreas urbanas, já que as mudanças na agricultura são muito mais rápidas do que nas áreas urbanas. Isso não significa que os dados fornecidos por um satélite cuja missão seja mais voltada para monitoramento de detalhes não sirva a outros propósitos bem diversos daqueles para os quais foi delineado. Por exemplo, um satélite que forneça imagens de alta resolução – que são muito úteis para análises urbanas – pode ser usado para verificar a situação de um assentamento rural, que, em geral, é constituído de pequenos lotes, ou então para verificar a adequação de uma propriedade rural quanto ao cumprimento da legislação referente às áreas de proteção permanente.

Há várias grandes áreas definidoras das missões dos satélites: militar, comunicações, aplicações exoatmosféricas (por exemplo, astronomia, atividades científicas de observação da superfície de outros planetas e de propriedades do espaço exterior), medições de propriedades da Terra (atmosfera, terra sólida, oceanos, águas interiores e meteorologia), posicionamento de objetos, entre outros. Embora os satélites desses segmentos sejam fundamentais para a humanidade, como os de comunicação, pois envolvem telefonia, comunicação de segurança, transmissões de rádio e TV etc., da mesma forma como os de posicionamento global (por exemplo, GPS – Global Positioning System), nesse texto, a ênfase será naqueles sistemas para observação da Terra. Cada um desses segmentos gerais divide-se em muitos outros mais específicos. E quando se vai para as aplicações propriamente ditas, há uma infinidade de usos dos sistemas espaciais.

Os satélites são compostos de duas grandes partes: a plataforma propriamente dita e a chamada carga útil. A **plataforma** constitui-se daqueles componentes (subsistemas) responsáveis pelo bom funcionamento da carga útil e devem prover as condições necessárias para que toda a missão definida para o satélite seja cumprida do melhor modo possível. Ou seja, a plataforma deve prover energia, condições ambientais, estabilidade e manobrabilidade, comunicação, além de condições de computação e armazenamento de dados, de acordo com o que foi projetado. A **carga útil** refere-se aos instrumentos que geram os dados científicos propriamente ditos. O exemplo mais comum de cargas úteis nos satélites de observação da Terra são as câmeras, que geram as imagens usadas para os mais diversos propósitos. Mas essa carga útil pode ser composta também por outros sensores, radiômetros, sondadores, antenas (por exemplo, radares) etc.

3.3.1.1 As plataformas

As plataformas podem ser de diversos tamanhos e conformações, de acordo com as necessidades da missão. A provisão de energia para as operações de rotina do satélite – por exemplo, operação de câmeras, computadores de bordo, comunicação e transmissão de dados – é dada por painéis solares, os quais, por sua vez, carregam as baterias que ficam a bordo. Certas operações de manobras do satélite – por exemplo, ajuste inicial de posicionamento na órbita, correções orbitais de posicionamento e altitude – podem exigir o consumo de energia de propulsão, que é fornecida pelo combustível armazenado em tanques de combustível levados a bordo. Tanto uma fonte como a outra sofrem desgaste e consumo: as baterias vão perdendo sua capacidade de carga–descarga, e o combustível a bordo vai sendo consumido durante o transcorrer da missão. Portanto, o equacionamento do suprimento e do consumo de energia é um fator determinante da duração da vida operacional dos satélites.

Outro componente da plataforma é o subsistema de controle ambiental. Os satélites estão no espaço, onde não há uma proteção atmosférica quanto à radiação proveniente do espaço exterior. Também ficam sujeitos a uma grande oscilação térmica quando estão submetidos aos ciclos de iluminação-eclipse. Para a questão da radiação, os componentes são qualificados espacialmente para resistir aos diversos níveis de radiação a que serão submetidos durante a missão. Há ainda dispositivos de proteção e blindagem para evitar esse tipo de dano. Quanto às oscilações térmicas, deve haver um balanceamento térmico refinado para que todos os sistemas possam resistir aos ciclos térmicos. Para isso, são projetados tanto dispositivos de aquecimento como de resfriamento, a fim de manter a temperatura de cada parte do satélite dentro dos seus limites de tolerância térmica predeterminados.

Os satélites estão a uma grande altitude. Os de órbita geoestacionária encontram-se na faixa dos 36.000 km de altitude, enquanto os de órbita baixa ficam entre 300 e 900 km de altitude. Quaisquer que sejam tais altitudes, elas são suficientemente grandes para que pequenas oscilações da plataforma causem grandes deslocamentos em relação ao terreno.

Os satélites deslocam-se a grandes velocidades no espaço. Por exemplo, a velocidade de deslocamento do Cbers é superior a 5 km/s, quando projetado no terreno. Apesar dessa grande velocidade, a plataforma tem de ser suficientemente estável para que os produtos gerados pelas câmeras sejam aproveitáveis e atendam aos requisitos da missão. Quando os satélites são lançados ao espaço, devem ser inseridos numa órbita precisa. Porém, nem sempre isso é conseguido apenas por meio da energia de propulsão fornecida pelo veículo lançador. É necessária energia própria do satélite para seu posicionamento preciso na órbita predeterminada. Ao mesmo tempo, os satélites estão sujeitos a forças gravitacionais e de pressão solar, por exemplo, que os fazem deslocar-se de suas posições planejadas, o que exige correções periódicas.

A fim de manterem seu posicionamento e sua estabilidade, os satélites são dotados de três grandes subsistemas: o de ajuste de órbita, o de controle de atitude e o de medição de atitude. O ajuste de órbita diz respeito ao posicionamento inicial do satélite durante sua inserção na órbita correta após o lançamento, e também a ajustes de órbita no decorrer da missão. O controle de atitude visa garantir as condições ideais previstas de apontamento e estabilidade do satélite durante toda a missão. Isso significa que a plataforma deve ter um mínimo de vibração (*jitter*) e deslocamento no sentido dos eixos x (*roll* ou rolamento), y (*pitch* ou arfagem) e z (*yaw* ou derrapagem). Ao mesmo tempo, o satélite precisa dispor de mecanismos de medição de seu posicionamento, pois tais medições indicam quais mecanismos e magnitudes de correção são necessários e também fornecem os dados necessários à implementação das correções que devem ser aplicadas durante o processamento dos dados gerados pelas cargas úteis, a fim de que os produtos a serem distribuídos aos usuários atendam aos requisitos de precisão especificados para a missão.

Atualmente, muitos satélites dispõem de uma capacidade importante de apontamento, ou seja, de fazerem um imageamento fora da posição normal e regular de imageamento. Até algum tempo atrás, para que uma câmera a bordo de um satélite pudesse fazer uma imagem de uma região fora da posição normal de passagem do satélite, colocava-se um espelho móvel na frente da câmera, que permitia tal deslocamento da posição de imageamento. Muitos sistemas ainda operam dessa maneira. Esse é o caso de imageamentos feitos por algumas das câmeras do Satélite para Observação da Terra (Spot, da França), por exemplo. Porém, atualmente, em missões que operam com câmeras de muito alta resolução, tem-se optado por não se dispor de elementos móveis nas câmeras, e, assim, para que se façam os imageamentos fora da posição normal, o próprio satélite faz um movimento de rolamento. Isso dá grande agilidade e flexibilidade de imageamento. Para que o movimento da plataforma aconteça, ela tem de dispor de mecanismos ágeis e precisos de introdução desses movimentos.

O satélite tem de prover meios de comunicação entre seus subsistemas, entre o satélite e os sistemas de controle baseados em terra, e, eventualmente, entre o satélite e outros sistemas de comunicação localizados no espaço. A comunicação interna visa transportar informação de um subsistema a outro no interior do satélite como, por exemplo, entre os dispositivos de medição de posição do satélite e os mecanismos de correção de posicionamento. Ou entre as câmeras imageadoras e o gravador de bordo. Porém, os satélites têm de manter comunicação com os sistemas de controle e recepção que estão localizados em terra.

A comunicação do satélite para a Terra tem duas funções básicas: transmitir dados científicos e dados referentes ao satélite propriamente dito. O primeiro caso – dados científicos – refere-se a dados finalísticos da missão, como imagens e outros tipos de dados produzidos pelos sensores componentes da carga útil. O segundo caso refere-se aos dados auxiliares gerados pelos diversos componentes do satélite, os comandos recebidos de terra, a implementação desses comandos a bordo etc.; ou seja, aqueles dados gerados pela carga útil e pela plataforma, mas que não são especificamente relacionados com a missão. Tais dados são importantes para que se consiga implementar correções nos dados gerados pela carga útil, para que se tenha um controle da situação a bordo (temperatura dos diversos subsistemas, níveis de energia das baterias etc.), e se recebam e implementem comandos de terra (ligar e desligar câmeras e sensores, corrigir órbita, acionar gravador de bordo, modificar apontamentos etc.).

3.3.1.2 As cargas úteis

A chamada carga útil de um satélite refere-se ao conjunto de dispositivos responsáveis pela coleta dos dados definidores da missão. A missão de um satélite é um dos primeiros passos a serem definidos em qualquer programa espacial. A partir da definição da missão é que se definem as múltiplas possibilidades de construção e montagem dos dispositivos que irão compor o satélite – particularmente a carga útil. Como exemplos de missão têm-se: monitoramento do desflorestamento da Amazônia, geração de produtos necessários à previsão pesqueira, cartografia detalhada de cidades, medição de variáveis necessárias à previsão do tempo, geração de mapas topográficos da superfície terrestre, monitoramento das grandes culturas agrícolas etc. Cada uma dessas missões exige um conjunto objetivo de variáveis a serem medidas segundo certos requisitos. Por exemplo, para atender à missão de mapeamento topográfico, o satélite (plataforma mais carga útil) deve ser capaz de produzir dados que permitam a medição de altimetria. Porém, esse não é um requisito no caso de a missão ser o monitoramento do desflorestamento da Amazônia. É claro também que um satélite pode atender a diversas aplicações, que vão muito além daquelas especificadas como sua missão central.

No caso de sistemas satélites voltados para observação da Terra, as cargas úteis podem ser divididas em dois grandes grupos: aquelas que geram uma imagem e aquelas que não são imageadoras. Entre as imageadoras, destacam-se as câmeras que operam nas regiões do visível e do infravermelho, e as que operam na região das micro-ondas. Em geral, as câmeras que operam na região do visível e do infravermelho são multiespectrais, ou seja, obtêm dados em várias faixas do espectro eletromagnético. Os sensores imageadores que operam na região das micro-ondas, geralmente, operam numa única banda ou faixa espectral, mas já existem sistemas que operam em mais de uma banda. Há cargas úteis que não geram imagens, mas dados, perfis etc., de variáveis importantes para o monitoramento terrestre, como temperatura, umidade, absorção por gases etc. Os satélites brasileiros possuem tanto cargas úteis imageadoras como não imageadoras, como será visto adiante.

Para que a missão de um satélite seja atingida a contento, tanto o projeto da plataforma como da carga útil devem ser definidos otimamente. Uma componente adicional para o bom desempenho da missão é a definição dos elementos orbitais do satélite. Em geral, os satélites para observação da Terra são de duas categorias quanto à órbita: geoestacionários e de órbita polar. Alguns podem ser de órbita inclinada, como será visto posteriormente. Os de órbita geoestacionária situam-se a cerca de 36.000 km da Terra, no plano do equador. Seu movimento de translação ao redor da Terra coincide com o movimento de rotação da Terra em torno do seu próprio eixo. Isso faz com que o satélite fique sempre numa mesma posição longitudinal terrestre. Essa configuração tem a vantagem de permitir imageamento muito frequente da face terrestre que fica no campo de visada do sensor a bordo do satélite.

Diversos satélites meteorológicos estão nessa categoria. Os de órbita polar ou quase polar situam-se a menos de 1.000 km de altitude e realizam diversas voltas ao redor da Terra por dia, permitindo um recobrimento global ou quase global após um determinado número de dias. Uma característica associada aos sistemas quase polares e geralmente presente nos satélites de observação da Terra é a chamada **heliossincronicidade**, ou seja, o cruzamento do equador pelo satélite sempre à mesma hora local, o que confere certa homogeneidade ao padrão de iluminação solar das cenas imageadas. A **circularidade** da órbita – presente nesses sistemas – confere aos dados gerados uma homogeneidade de escala, facilitando a intercomparação entre alvos de cenas diversas.

3.3.2 Sistema solo-aplicações

Essa componente dos programas espaciais refere-se ao conjunto de sistemas e atividades que visam fazer com que o satélite mantenha-se em bom funcionamento e realize as operações desejadas; fazer com que os dados gerados pelo satélite (tanto os dados auxiliares como os específicos ou científicos da missão) sejam recebidos, armazenados e utilizados para a geração dos produtos finais especificados; e também fazer com que os dados gerados pelos satélites tenham o melhor aproveitamento possível pelos usuários. Uma das componentes desse segmento é a estação de telecomando e controle, que visa receber os dados de cada subsistema do satélite, como temperatura, situação da bateria, dados orbitais etc., e enviar dados e comandos ao satélite como para ligar e desligar câmeras, corrigir posicionamentos orbitais, acionar dispositivos especiais de imageamento (por exemplo, acionar espelhos de visada lateral), acionar o gravador de bordo etc. Outra componente é a estação de recepção de dados, cuja principal finalidade é receber os dados gerados pela carga útil. O centro de missão tem a finalidade de promover a interação entre os usuários com vistas a atendê-los em suas necessidades de imageamento, de administrar conflitos de interesse quanto às demandas por imageamento, e de tomar decisões quanto ao estabelecimento de prioridades operacionais do satélite. A componente de aplicações desse segmento visa realizar o processamento, o armazenamento e a distribuição dos dados, além de desenvolver e promover o uso dos dados gerados com a melhor qualidade e eficiência possível.

3.4 Satélite de Coleta de Dados (SCD)

Os Satélites de Coleta de Dados (SCDs) são parte do antigo Programa Missão Espacial Completa Brasileira (MECB), o qual foi aprovado no final dos anos 1970 e deveria contar com dois grandes segmentos: o de lançamento de satélites e o de construção de satélites. Este último segmento seria contemplado com três satélites simples para fins meteorológicos (os SCDs) e dois satélites de sensoriamento remoto (Orlando e Kuga, 2007a). Os SCDs fazem parte do que se denomina Sistema de Coleta de Dados, o qual é constituído pelos satélites propriamente ditos, pelas diversas redes de plataformas de coleta de dados espalhadas pelo País, pelas estações de Recepção de Cuiabá-MT e Alcântara-MA, e pelo Centro de Missão de Coleta de Dados, em Cachoeira Paulista-SP.

Esses satélites têm a finalidade básica de receber dados de estações instaladas em terra e retransmiti-los para uma estação terrena central, a fim de que possam ser processados e distribuídos aos usuários. As estações colocadas em terra – Plataformas Automáticas de Coleta de Dados Ambientais (PCD) – podem ser fixas ou não (por exemplo, boias) e podem ser de diversas naturezas: para coleta de dados meteorológicos, hidrográficos, ou outras classes de medições. Em geral, cada PCD é equipada com vários sensores, como, por exemplo, medidores de velocidade do vento, temperatura do ar, temperatura do solo, radiação solar etc.

Uma vez que essas estações terrenas são dotadas de instrumentos sensores que podem fazer medições de diversas naturezas, de forma a atender múltiplas finalidades, e ainda considerando o fato de que há uma necessidade de representação espacial de muitas dessas medições, é natural que elas sejam espalhadas espacialmente pelo território – muitas vezes em lugares inóspitos ou de difícil acesso. Isso cria grandes dificuldades para que as anotações das medições sejam feitas *in loco*. Então, um mecanismo altamente eficiente de fazer tais medições é automatizá-las e acoplar as estações a um sistema auxiliar de coleta de dados que opere em órbita. Assim, os satélites de coleta de dados, operando em conjunto com essas estações automáticas, propiciam medições de muitos tipos de variáveis ambientais, em lugares os mais diversos possíveis, com grande representatividade espacial e a intervalos muito mais curtos do que seria possível se fossem feitas manualmente.

Os sensores instalados em cada estação automática terrena fazem medições específicas. Os sinais provenientes dessas medições são transformados em sinais eletromagnéticos e transmitidos ao espaço a intervalos regulares. Os SCDs são dotados de receptores apropriados para receber tais sinais e de um transmissor para enviá-los para a Terra. Assim, dados de muitas estações automáticas espalhadas podem ser concentrados em uma estação de recepção central. No caso dos SCDs, há duas estações de recepção: uma em Cuiabá-MT e outra em Alcântara-MA.

O SCD-1 e o SCD-2 foram lançados ao espaço em 9 de fevereiro de 1993 e 22 de outubro de 1998, respectivamente. Atualmente (julho/2010), ambos continuam em operação, apesar de a vida útil projetada originalmente para cada um deles ter sido inferior a dois anos. O lançamento de ambos foi feito pelo foguete norte-americano Pégasus, a partir dos aviões B-52 (SCD-1) e L-1011 (SCD-2). A operação de lançamento do SCD-2A, feita a partir de um veículo lançador nacional, foi malsucedida.

O SCD é um satélite pequeno, em formato de prisma octogonal, de cerca de 120 kg, com volume de aproximadamente 1 m^3. Sua energia provém, basicamente, das células solares espalhadas por nove das suas 10 faces. Sua estabilização é feita por rotação em torno de 35 rpm.

Os SCDs operam numa órbita quase circular inclinada de 25° com o plano equatorial, a 750 km de altitude, o que permite uma cobertura satisfatória de todo o território brasileiro. Nessa condição, perfaz aproximadamente 14 órbitas diárias de 100 minutos cada. Dessas, oito são passíveis de visibilidade pela estação de Cuiabá (estação de rastreio principal). Como há uma defasagem de 180° na posição espacial entre o SCD-1 e o SCD-2 na órbita, há uma maximização de suas visibilidades pela estação de rastreio de Cuiabá, de modo a otimizar a transmissão de dados pelos dois satélites e, como consequência, a abrangência das medições feitas pelas PCDs ao longo do dia. Atualmente, há mais de 100 usuários institucionais oficiais (sem contar as consultas via internet) e mais de 750 PCDs em operação. Consultas a mais informações sobre os SCD, a distribuição das PCDs e os tipos de dados disponíveis podem ser feitas em: <http://satelite.cptec.inpe.br/PCD>.

3.5   Satélite sino-brasileiro de recursos terrestres (Cbers)

Os satélites Cbers – acrônimo de China-Brazil Earth Resources Satellite – são fruto de uma parceria de cooperação com a China, estabelecida em 1988, com a finalidade de construção, lançamento e operação de dois satélites de sensoriamento remoto. Posteriormente, essa parceria ampliou-se de forma a contemplar mais três satélites. Constituem-se nos únicos satélites imageadores de sensoriamento remoto desenvolvidos até hoje pelo Brasil. A construção dos satélites Cbers visa desenvolver no País a capacidade de construir sistemas qualificados para o espaço. O lançamento propriamente dito, ainda que o Brasil esteja desenvolvendo esse segmento, não é acoplado ao programa de desenvolvimento do satélite Cbers. A operação visa controlar o satélite desde o seu lançamento até o final da sua vida útil, e fazer com que o seu aproveitamento seja o mais longo e proveitoso possível quanto aos produtos e aplicações.

A origem do programa Cbers deu-se a partir de uma busca de pontos de cooperação entre o Brasil e a China. O Brasil estava desenvolvendo a MECB, que previa a construção de dois satélites imageadores de sensoriamento remoto. A China estava construindo um satélite de sensoriamento remoto de grande porte. Viu-se aí a oportunidade de aliar esforços com vistas ao estabelecimento de uma cooperação técnico-científica entre dois países em desenvolvimento numa área de alta tecnologia. Após diversos estudos, concluiu-se que seria muito proveitoso para ambos os países a união dos esforços para a construção de uma família de satélites de sensoriamento remoto (na oportunidade limitada a dois), e que seria possível uma modificação nos programas dos dois países a fim de compatibilizá-los num programa único – o Cbers.

Inicialmente, o acordo previa a cooperação para a construção de dois satélites – os Cbers-1 e 2, que foram lançados em 1999 e 2003, respectivamente, e desativados em 2003 e 2008, respectivamente. Em 2002 ampliou-se a cooperação no campo espacial e foi assinado um novo acordo para extensão do programa para contemplar mais dois satélites – os Cbers-3 e 4. Em 2004, durante o desenvolvimento desses últimos satélites, decidiu-se construir o satélite Cbers-2B, com lançamento intermediário entre o final das operações do Cbers-2 e o início da operação do Cbers-3. De fato, o Cbers-2B foi lançado em 2007, vindo cumprir importante papel de manter o imageamento regular da Terra, sem interrupção. Os lançamentos dos Cbers-3 e 4 estão previstos para 2011 e 2014, respectivamente.

Um dos pontos importantes da cooperação com a China para o Cbers era o estabelecimento da divisão de trabalho e dos custos do programa. Decidiu-se que a China seria responsável por 70% e o Brasil por 30%. Essa proporcionalidade manteve-se para os Cbers-1, 2 e 2B. Para os Cbers-3 e 4 a proporção passou a ser igualitária. Não só as responsabilidades e custos de construção são divididos, mas também o gerenciamento da operação dos satélites quando em órbita. O controle do satélite é trocado periodicamente entre o Brasil e a China, numa base de seis meses para cada país, em média.

3.5.1 Características gerais

Os satélites Cbers são de grande porte. A Figura 3.2 apresenta uma concepção artística do satélite Cbers, destacando o painel solar, o módulo de serviço voltado para cima e o módulo de carga útil voltado para baixo. A Tabela 3.1 apresenta as principais características dos satélites Cbers-1, 2 e 2B.

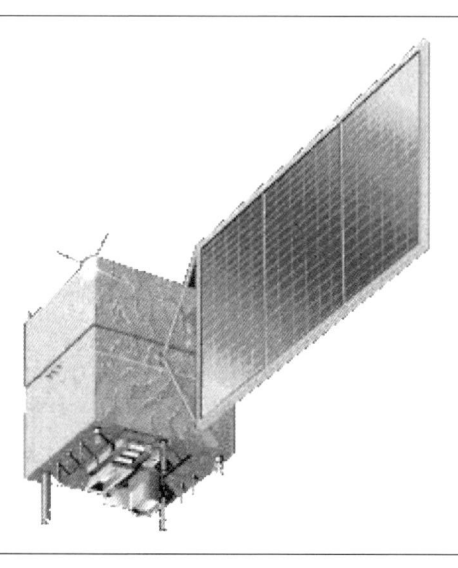

FIGURA 3.2 – Concepção artística do satélite Cbers, ressaltando o painel solar e as cargas úteis voltadas para baixo.
Fonte: Cbers/Inpe.

O painel solar tem a função básica de captar a energia solar e transformá-la em energia química, que fica armazenada nas baterias, as quais, por sua vez, liberam-na na forma de energia elétrica para a execução das funções necessárias a todas as operações do satélite. Além da energia captada pelo painel solar enquanto o satélite passa pelo lado iluminado da sua órbita, o satélite vai ao espaço com tanques repletos de combustível à base de hidrazina. Esse combustível é utilizado para as operações de manobras mais significativas do satélite, tanto para o ajuste inicial da órbita após o lançamento como durante o transcorrer da sua vida útil. Os subsistemas ligados ao fornecimento de energia são fundamentais para a consecução da missão para a qual o satélite foi construído. A primeira dessas operações é a abertura do painel solar. Como ele é grande (mais de seis metros), vai dobrado ao espaço e precisa ser aberto logo após a entrada do satélite em órbita, a fim de começar a fornecer energia para as operações de rotina. Portanto, essa operação é crucial para o sucesso da missão.

Tabela 3.1 – Características gerais dos satélites Cbers		
	Cbers-1, 2 e 2B	**Cbers-3 e 4**
Massa total	1.450 kg	1.980 kg
Potência gerada	1.100 W	2.300 W
Baterias	2 × 30 Ah NiCd	2 × 30 Ah NiCd
Dimensões do corpo	(1,8 × 2,0 x 2,2) m	(1,8 × 2,0 x 2,2) m
Dimensões do painel solar	6,3 × 2,6 m	6,3 × 2,6 m
Propulsão a hidrazina	16 × 1 N; 2 x 20 N	16 × 1 N; 2 × 20 N
Órbita	Repetitiva, circular, quase polar (98,504º), heliossíncrona	Repetitiva, circular, quase polar (98,504º), heliossíncrona
Altitude da órbita	778 km	idem
Estabilização	3 eixos	idem
Supervisão de bordo	Distribuída	idem
Comunicação de Serviço (TT&C)	UHF e banda S	idem
Taxa de transmissão (Mbps)	166	303
Tempo de vida projetado	2 anos	3 anos

Fonte: Cbers/Inpe.

As baterias também são fundamentais. Por exemplo, no caso do Cbers-2, depois de algum tempo de operação, uma das duas baterias apresentou problema durante a missão e foi desativada. Com isso, houve menor capacidade de suprimento de energia para as operações, o que levou à necessidade de desativar algumas câmeras imageadoras, com óbvio prejuízo à missão.

A órbita dos satélites Cbers é repetitiva, circular, quase polar e heliossíncrona. A órbita repetitiva indica que o satélite, após certo tempo, volta a passar pelo mesmo traço orbital, ou seja, volta a cobrir uma mesma região do terreno. A órbita do Cbers repete-se a cada 26 dias, ou seja, o imageamento de uma região dá-se a cada 26 dias sob as mesmas condições. Essa característica é importante porque assegura ao usuário a certeza de que de tempos em tempos precisos sua área de interesse será recoberta. Outra característica orbital do Cbers é que sua órbita é circular. Isso traz uma importante consequência para fins de imageamento, que é assegurar uma escala constante tanto intraimagens como entre imagens. A característica de a órbita ser quase polar permite que a quase totalidade do globo terrestre seja imageada, dando ao Cbers um caráter de poder fazer coberturas globais.

À medida que os satélites se desviam da órbita polar em direção a órbitas equatoriais, menores porções da superfície terrestres são imageadas; por outro lado, órbitas equatoriais levam a um aumento significativo da frequência de revisita. São soluções de compromisso que devem ser resolvidas por ocasião da definição da missão. Outra característica orbital importante do Cbers é ele ter órbita heliossíncrona. Isso significa que o plano orbital do satélite é ajustado ao eixo Terra–Sol num ângulo fixo, de tal modo que as passagens do satélite cruzem o equador sempre no mesmo horário. No caso dos Cbers, o cruzamento do equador dá-se às 10h30 da manhã no sentido descendente. Essa característica faz com que as condições de iluminação da cena sejam estáveis, o que permite intercomparações radiométricas entre imagens de diferentes posições latitudinais e longitudinais. A maioria dos satélites de sensoriamento remoto tem essas características orbitais, pois são as que mais beneficiam a aquisição e a análise de imagens para os diversos fins.

3.5.2 As câmeras imageadoras

As câmeras imageadoras constituem a principal parte da carga útil dos satélites Cbers. Essas cargas úteis e suas características de imageamento tornam os satélites Cbers muito versáteis, como mostrado na Tabela 3.2. Seus sensores geram produtos com resoluções espectrais, espaciais e temporais variadas, o que permite atender às diversas necessidades apresentadas pelas múltiplas aplicações.

Os dois primeiros satélites Cbers tiveram três sensores imageadores a bordo: Câmera Imageadora de Alta Resolução (CCD), Câmera Imageadora de Amplo Campo de Visada (WFI) e Imageador Infravermelho por Varredura de Média Resolução (IRMSS). No Cbers-2B, o terceiro satélite, que foi desativado em abril de 2010, o IRMSS foi substituído pela Câmera Pancromática de Alta Resolução (HRC). A câmera WFI foi construída pelo Brasil, enquanto as outras estiveram sob a responsabilidade chinesa.

Sensores	CCD	WFI	IRMSS	HRC	MUX	AWFI	PANMUX	IRS
Satélite	Cbers-1, 2 e 2B	Cbers-1, 2 e 2B	Cbers-1 e 2	Cbers-2B	Cbers-3 e 4	Cbers-3 e 4	Cbers-3 e 4	Cbers-3 e 4
Bandas espectrais (µm)	0,51-0,73 0,45-0,52 0,52-0,59 0,63-0,69 0,77-0,89	0,63-0,69 0,77-0,89	0,50-1,10 1,55-1,75 2,08-2,35 10,40-12,50	0,50-0,80	0,45-0,52 0,52-0,59 0,63-0,69 0,77-0,89	0,45-0,52 0,52-0,59 0,63-0,69 0,77-0,89	0,51-0,85 0,52-0,59 0,63-0,69 0,77-0,89	0,50-0,90 1,55-1,75 2,08-2,35 10,4-12,5
Campo de visada (km)	113	890	120	27	120	866	60	120
Campo de visada instantâneo (m, nadir)	20	260	80 160 (termal)	2,7	20	64	5 (Pan) 10 (multiesp.)	40 80 (termal)
Resolução temporal (dias)	26 em visada vertical (3 em visada lateral)	5	26	130 na operação de rotina	26	5	26 em visada vertical (3 em visada lateral)	26
Capacidade de apontamento do espelho	±32°	Não	Não	±4° via satélite	Não	Não	±32°	Não
Quantização	8 bits	8 bits	8 bits	8 bits	8 bits	10 bits	8 bits	8 bits
Taxa de dados da imagem (Mbit/s)	2 x 53	1,1	6,13	432 (antes da compressão)	68	51	140 (Pan) 100 (outras)	16

Fonte: Modificado de Cbers/Inpe.

A câmera WFI é um sensor do tipo varredura eletrônica. Cada imagem WFI permite que uma grande região, acima de 700.000 km², seja imageada numa única cena. Com isso, é possível ter um determinado ponto de interesse sendo imageado a cada cinco dias. A alta frequência de revisita faz dessa câmera um excelente instrumento de monitoramento ambiental, particularmente para fenômenos que apresentem dinamismo temporal acentuado. Embora a câmera WFI tenha apenas duas bandas espectrais (vermelho e infravermelho próximo) e tenha uma baixa resolução espacial (260 m), seus produtos são utilizados em análise de processos locais ou regionais que tenham dimensões compatíveis com sua baixa resolução espacial. Como exemplo, temos os desflorestamentos, as grandes plantações agrícolas, certos processos hidrológicos expressivos etc.

O sensor IRMSS é do tipo varredura mecânica. Esse equipamento opera nas regiões espectrais do visível, infravermelho próximo, infravermelho de ondas curtas e infravermelho termal. O campo de visada mais estreito e ausência de mecanismo de visada lateral fazem com que sua frequência de revisita a um determinado ponto do terreno seja condicionada pelo ciclo orbital do satélite, que é de 26 dias. Uma propriedade importante do IRMSS é sua capacidade de gerar imagens em regiões espectrais importantes para observação da Terra, mas que não são cobertas pelas outras câmeras. Com isso, podem ser exploradas mais propriedades espectrais dos objetos, em complemento às outras câmeras, principalmente à CCD. O IRMSS deixou de fazer parte da carga útil do Cbers-2B e em seu lugar foi colocada a câmera HRC.

A câmera CCD é considerada o principal instrumento imageador a bordo dos satélites Cbers-1, 2 e 2B. Sua resolução espacial intermediária, de 20 metros, aliada à cobertura espectral abrangendo o visível e o infravermelho próximo, permite análises de uma ampla gama de fenômenos passíveis de serem estudados e monitorados por satélites. A frequência de revisita da câmera CCD a um mesmo ponto do terreno é de 26 dias, mas pode haver um aumento dessa frequência pelo acionamento de um espelho auxiliar que permite desviar a visada para a lateral do percurso normal do satélite e, assim, imagear áreas fora do campo regular de imageamento. Isso é importante em situações em que se deseja observar uma mesma área com maior frequência, como por exemplo, em situações emergenciais, desastres, acompanhamento de fenômenos dinâmicos etc. Essa propriedade de imageamento fora do nadir tem outro importante uso, que é gerar pares estereoscópicos a partir de duas imagens feitas da mesma área, em passagens e em visadas diferentes. A aquisição desses **pares estéreos** permite a geração de modelos digitais do terreno e, consequentemente, a observação do relevo e a derivação de cartas topográficas, por exemplo.

No Cbers-2B, o sensor IRMSS foi substituído por uma câmera de alta resolução – a HRC. Essa câmera gera imagens numa única banda pancromática (0,50 – 0,80 µm), mas com alta resolução espacial. O limite do que seja "alta resolução espacial" é variável, mas tem sido aceito que produtos com pixels de menos de 5 m enquadram-se nessa classe. A câmera HRC tem um *instantaneous field of view* (Ifov)[1] ou campo de visada instantâneo de 2,7 m. Em geral, há uma relação inversa entre

---

[1] Ifov é a projeção do detector no terreno, ponderada pela distância focal da câmera e pela altitude do satélite. *IFOV = D (H/f)*, em que *D* é o tamanho do detector, *H* é a altitude do satélite e *f* é a distância focal.

a resolução espacial e o campo de visada (*field of view* ou campo de visada, ou FOV)[2] da câmera. No caso da HRC, a largura da faixa de imageamento é de apenas 27 km, quando comparada aos 113 km da CCD. Isso implica que, numa certa órbita, enquanto a CCD gera uma imagem de 113 km de largura, a HRC gera uma de apenas 27 km. Como o satélite é o mesmo, executando o mesmo ciclo orbital de 26 dias – planejado para que ao final das suas 369 órbitas cobertas nesse período a CCD pudesse imagear totalmente o terreno delineado por sua inclinação orbital de 98,504° –, houve necessidade de introduzir modificações nas características do satélite e na sua operação a fim de que a câmera HRC também pudesse cobrir a área delineada pela câmera CCD.

A principal modificação introduzida para essa finalidade foi propiciar que o satélite fizesse um movimento em torno do seu **eixo x** (*roll* ou rolamento) na direção do deslocamento do satélite, a fim de que a câmera HRC pudesse imagear regiões laterais ao seu trajeto. Com isso, faixas consecutivas e adjacentes de 27 km largura puderam ser imageadas pela HRC a cada novo ciclo de 26 dias, de modo que, ao final de alguns ciclos de 26 dias, toda a área de cobertura da CCD (113 km) pudesse também ter sido coberta pela HRC. Porém, para que esse rolamento do satélite não levasse a um deslocamento do imageamento feito pela CCD, o espelho auxiliar de visada lateral da CCD era movimentado em sentido contrário ao do rolamento do satélite, de modo a compensar tal movimento de rolamento e fazer com que os imageamentos da CCD ficassem sempre segundo um padrão predeterminado – como se o satélite não executasse aquele movimento de rolamento.

Em suma, o movimento de rolamento do satélite permite recobrimentos adjacentes pela HRC, e o movimento do espelho de visada lateral da CCD permite que essa câmera faça imageamentos regulares sem que estes sejam afetados por tal movimento do satélite. Assim, após cinco ciclos de 26 dias, tem-se um recobrimento de todo o território brasileiro pela HRC e cinco recobrimentos regulares pela CCD.

Os Cbers-3 e 4 constituem uma nova família de satélites, com modificações importantes e um novo conjunto de sensores. As câmeras que compõem a carga útil dos Cbers-3 e 4 (Tabela 3.2) são a AWFI – câmera WFI avançada –, a MUX – câmera imageadora multiespectral –, a

---

[2] FOV é o ângulo ou largura máxima da faixa de imageamento de uma câmera.

PanMux – câmera pancromática e multiespectral – , e o IRS – imageador infravermelho por varredura de média resolução. Os dois primeiros sensores são de responsabilidade brasileira e os dois últimos são de responsabilidade chinesa.

Houve melhorias nas cargas úteis em relação aos primeiros três Cbers. A AWFI/Cbers-3 e 4 passa a ter quatro bandas espectrais em vez de duas, com aumento na sua resolução espacial. O escâner IRS passa a ter resoluções espaciais de 80 m na banda do infravermelho termal e 40 m nas outras. A PanMux terá resoluções de 5 m na banda pancromática e 10 m no modo multiespectral. Essa câmera, embora tenha apenas 60 km de largura de faixa imageada, tem a capacidade de visada lateral. Em virtude de a PanMux ter capacidade de visada lateral, essa característica foi eliminada na câmera MUX. Como se vê, o conjunto de sensores a bordo dos Cbers-3 e 4 abrange um grande leque de possibilidades quanto às diversas propriedades esperadas dos produtos de sensoriamento remoto, desde resoluções espaciais finas até frequentes taxas de revisitas.

3.5.3 Sistema de solo, processamento e distribuição

Os sistemas de solo visam manter a comunicação com o satélite para enviar telecomandos ao satélite, receber telemetrias enviadas pelo satélite e receber dados científicos.

Há dois tipos básicos de dados envolvidos nas comunicações com o Cbers: os científicos, que são as imagens propriamente ditas ou outros tipos de dados relacionados com a missão e gerados pelas cargas úteis (por exemplo, dados meteorológicos recebidos das estações terrenas e retransmitidos pelo satélite), e os de telecomandos e telemetria, que promovem a comunicação de terra com o satélite e os dados vitais do satélite e seus subsistemas (por exemplo, temperatura a bordo, nível de carga da bateria, horários precisos dos imageamentos etc.).

O rastreio do satélite é feito a partir das Estações de Rastreio, que se localizam em Cuiabá-MT e Alcântara-MA. A partir dessas estações é feita a telecomunicação bidirecional com o satélite. Porém, o Centro de Controle de Satélites fica em São José dos Campos-SP. O Centro de Controle se comunica em tempo real com as estações de rastreio e é responsável pelo planejamento e execução de todas as atividades ligadas ao controle de veículos espaciais (ORLANDO; KUGA, 2007b). Apenas a estação de Cuiabá-MT é responsável pela recepção dos dados científicos do Cbers.

O processamento refere-se às diversas etapas pelas quais os dados gerados e transmitidos pelo satélite passam até se transformarem em dados num formato adequado para serem distribuídos aos usuários. No caso brasileiro, após a recepção dos dados do Cbers pela antena de Cuiabá-MT eles são transferidos para Cachoeira Paulista-SP, onde são processados, armazenados e colocados à disposição dos usuários.

O sistema de processamento atualmente em operação permite ao usuário selecionar as imagens que lhe interessam por diversos mecanismos: por cidade, por região, por data e interesse, por órbita/ponto[3], e ainda selecionar alguns filtros de busca. As imagens do Cbers são distribuídas pela internet sem custo para o usuário, a partir do endereço eletrônico: <http//www.dgi.inpe.br/CDSR>. As imagens adquiridas pelo satélite e que atendem aos requisitos impostos são apresentadas ao usuário devidamente cadastrado, e ele pode, então, escolher e solicitar as que melhor atenderem às suas necessidades. O sistema é de grande eficiência, apresentando tempos médios de atendimento inferiores a 10 minutos por pedido. A política de distribuição de imagens de classe de resolução semelhantes às do Cbers, sem custo para o usuário, adotada pelo Inpe vem se tornando um padrão para os diversos satélites internacionais em operação. A média anual de distribuição de imagens Cbers gira ao redor de 100 mil.

3.5.4 Aplicações do Cbers

As características de resolução espacial, espectral e temporal dos sensores do Cbers guardam semelhança com as de sensores de diversos satélites, como, por exemplo, com alguns sensores do Landsat (Estados Unidos), Spot (França), IRS-P6 (Índia). Portanto, é natural que as

---

[3] Sistema de referência que permite a identificação de qualquer imagem. A **órbita** refere-se a um número que identifica cada ciclo do satélite à medida que o satélite se desloca nas longitudes; e o **ponto** indica cada trecho predefinido de imagem à medida que o satélite se desloca em sua órbita no sentido das latitudes. Com isso, tem-se uma grade que permite a identificação de cada imagem constituinte do ciclo orbital de 26 dias. A notação é do tipo 152/114. Neste exemplo, o número 152 indica a 152ª órbita do ciclo orbital de 373 órbitas executadas em 26 dias. O número 114 indica a 114ª imagem na órbita 152.

metodologias e aplicações desenvolvidas para um determinado sensor sirvam para outros, com algumas adaptações. Além do mais, havendo disponibilidade de dados de mais de um sensor, o usuário, muitas vezes, os usa em conjunto para suas aplicações. As aplicações específicas de dados do Cbers são inúmeras. A título de ilustração, serão descritos grandes grupos de aplicações e apenas algumas em mais detalhes.

Em duas pesquisas já realizadas com os usuários do Cbers, chegaram-se às principais áreas de aplicação: cartografia, monitoramento de degradação ambiental, agricultura, geografia e topografia. Porém, muitas outras áreas foram mencionadas, como: reflorestamento, ecossistemas, hidrologia, geotecnologias, geologia, educação superior, planejamento urbano, consultorias, pesquisa aplicada, fiscalização/policiamento, perícia, educação (pós-graduação), biologia, desastres naturais, pecuária, mineração, saneamento básico, educação básica, energia, construção civil, transportes, oceanografia, turismo, informação e comunicação. Além dessas indicações (colocadas em ordem decrescente de menção), houve 7,7% de indicação como "outras aplicações".

Na área de cartografia, as principais aplicações incluem geração de novos mapas (BARRETO et al., 2009), atualização temática de mapas existentes e topografia (RODRIGUES et al., 2009), auxílio em trabalhos de levantamento de campo (CUELLAR et al., 2009). Na área de degradação ambiental, os dados Cbers podem ser aplicados no mapeamento do desflorestamento (FREITAS et al., 2009), desertificação (SARAIVA et al., 2009). As imagens Cbers também são aplicadas na agricultura para, por exemplo, determinação da produtividade (FERNANDES et al., 2009) e caracterização do consumo de água (SANTOS et al., 2009).

A facilidade de acesso, sem custo, às imagens do Cbers tem permitido que não apenas as instituições de pesquisa, mas também os diversos órgãos governamentais, a iniciativa privada e as organizações não governamentais desenvolvam suas atividades-fim com maior desenvoltura. Por exemplo, o Instituto Brasileiro para o Meio Ambiente (Ibama) faz uso rotineiro das imagens do Cbers para planejar e executar suas missões de fiscalização de desflorestamento e monitorar os resultados efetivos dessas missões. O Instituto Nacional de Colonização e Reforma Agrária (Incra) usa as imagens de satélite para análise de locais apropriados para implantação de projetos de reforma agrária e regularização fundiária. Como tais atividades ocorrem em todo o território nacional, a política de distribuição de dados adotada para o Cbers auxilia sobremaneira tais atividades. A legislação ambiental e as atividades de financiamento da produção agrícola exigem o mapeamento com análise da distribuição espacial de propriedades ou dos usos internos a elas. Para atender a requisitos como esses, têm surgido inúmeras empresas que prestam serviços nesse campo, muito estimuladas pelo acesso facilitado aos dados básicos – principalmente as imagens de satélite.

As centenas de instituições (públicas, privadas, educacionais, não governamentais), com perfis os mais variados possíveis, cadastradas no sistema de banco de dados de usuários do Cbers, que somam milhares, atestam a diversidade e a importância do programa espacial brasileiro, especialmente dessa família de satélites, para o desenvolvimento do País e monitoramento dos seus recursos naturais.

3.6   Satélite Amazônia-1

O Brasil possui uma parte considerável das florestas tropicas do planeta. Porém, diversos motivos têm levado a uma constante evolução do desflorestamento e outras atividades que impactam a floresta. O conhecimento atualizado desses processos é importante para que os diversos agentes da sociedade possam atuar de forma eficiente. Em virtude da dificuldade de acesso a tais áreas, das grandes dimensões territoriais envolvidas, da necessidade de agilidade de monitoramento etc., os satélites são uma ferramenta imprescindível para o estudo dos processos ocorrentes na Amazônia.

Por outro lado, a região norte é caracterizada por frequente e extensiva ocorrência de nuvens. Essa condição dificulta a observação territorial por meio de sensores ópticos, especialmente se tiverem baixa frequência de revisita ou resolução temporal. Entre as diversas alternativas de sistemas orbitais que poderiam ser desenvolvidas para um monitoramento mais eficiente daquela região, destacam-se os sistemas radares e os sistemas ópticos de alta taxa de revisita. Embora o País tenha tido estudos e iniciativas no sentido de desenvolvimento de sistemas radares orbitais, essa alternativa concretizou-se apenas em termos de aeronaves, tanto governamentais (Sistema de Proteção da Amazônia – SIPAM) como privadas (Orbisat).

A alternativa orbital que está sendo concretizada como parte do Pnae é o desenvolvimento do satélite Amazônia-1, com carga útil óptica. Essa missão é constituída de duas componentes: uma plataforma multimissão (PMM) e a carga útil. A plataforma multimissão é configurada e construída de tal forma que possa atender a diferentes missões, sem grandes alterações de construção. O primeiro satélite a fazer uso da plataforma multimissão será o Amazônia-1, com previsão de lançamento para 2012. Como principais características desse satélite estão a órbita quase polar e sol-síncrona, capacidade de revisita de cinco dias no equador, pixel de 40 m no nadir e multiespectralidade de quatro bandas (azul, verde, vermelho e infravermelho próximo). Do ponto de vista do imageamento da Amazônia, a principal característica desse satélite será a frequência temporal. A cada cinco dias será possível ter uma imagem de qualquer ponto do território. Com isso, o monitoramento será feito com maior intensidade. É claro que nem todas as imagens serão aproveitáveis, em virtude da cobertura de nuvens, mas será um ganho em relação às atuais frequências de revisita dos principais satélites que o Brasil utiliza, que são de 16 dias do Landsat e 26 dias para o Cbers.

Embora o nome do satélite seja Amazônia-1, seus dados serão úteis para todas as aplicações compatíveis com suas características. Também, como sua órbita é quase polar, todo o território brasileiro será imageado (com potencial para imageamento de toda a Terra). Portanto, todas as regiões serão beneficiadas. Ao operar concomitantemente com o Cbers-3, o Amazônia-1 propiciará uma condição muito boa para o monitoramento do território nacional, com muito mais eficiência do que a situação que temos hoje, particularmente em decorrência da alta taxa de revisita que será alcançada.

3.7   Conclusão

O Brasil possui um Programa Espacial bem estabelecido, fazendo revisões periódicas com vistas a reavaliações e melhorias. No que concerne ao segmento de satélites, o Brasil já lançou cinco unidades com sucesso: dois satélites de coleta de dados (SCD) e três de sensoriamento remoto (Cbers-1, 2 e 2B). Os SCDs coletam dados de estações meteorológicas automáticas espalhadas pelo País, os transmitem para uma estação central e, a partir daí, os dados são processados e distribuídos aos usuários. Todos os dados fornecidos por esses satélites têm sido de alta relevância e aplicação prática no País.

Os satélites Cbers promovem o contínuo imageamento da superfície do País. Três já foram lançados. O conjunto de suas câmeras abrange uma boa diversidade de características de revisita e resoluções, de modo que muitas aplicações podem ser atendidas pelo satélite. O sistema de processamento é eficiente, o que favorece a disseminação dos dados, contribuindo para um aumento contínuo de usuários. A continuidade do Programa Cbers está assegurada, pelo menos, para mais dois satélites, com o Cbers-3, programado para ser lançado em 2011, e o Cbers-4, para 2014. Para 2012 está previsto lançamento do satélite Amazônia-1, em complemento ao programa de sensoriamento remoto do País.

O Programa Espacial tem tido sucesso ao demonstrar a capacidade do País para construir sistemas de coleta de dados e sistemas orbitais de imageamento da superfície terrestre. Os investimentos nesse setor têm dado um enorme retorno ao Brasil, em diversas dimensões: real capacidade de conhecimento e gerenciamento do seu território nos mais diversos campos: agricultura, meio ambiente, monitoramento costeiro, gerenciamento de recursos hídricos e minerais, aspectos sociais, planejamento de operações de fiscalização, gerenciamento territorial, formação de recursos humanos, desenvolvimento científico e tecnológico de alto nível, criação de empresas e geração de empregos etc.

Como as atividades espaciais são desenvolvidas num horizonte de tempo longo, é fundamental que o Programa Espacial, ao contemplar as várias facetas das necessidades de desenvolvimento do País, tenha uma forte estrutura de planejamento, gerenciamento, execução e constante suporte financeiro.

Referências bibliográficas

Agência Espacial Brasileira (AEB). *Programa Nacional de Atividades Espaciais*. Brasília: MCT/AEB, 2005. 114p.

Barreto, R.; Pierrobon, J. L.; Ramos, A. L. A. Uso de imagens Cbers para avaliação da evolução da atividade de carcinicultura em Sergipe entre 2005 e 2008. In: Simpósio Brasileiro de Sensoriamento Remoto, 14. (SBSR), 2009, Natal. *Anais...* São José dos Campos: Inpe, 2009. p. 1951-1958. DVD, online. Disponível em: <http://urlib.net/dpi.inpe.br/sbsr@80/2008/11.17.22.45>. Acesso em: 23 nov. 2009.

Cuellar, M. D. Z. et al. Programa: construindo nosso mapa municipal visto do espaço. In: Simpósio Brasileiro de Sensoriamento Remoto, 14. (SBSR), 2009, Natal. *Anais...* São José dos Campos: Inpe, 2009. p. 1993-1999. DVD, online. Disponível em: <http://urlib.net/dpi.inpe.br/sbsr@80/2008/11.06.14.21>. Acesso em: 23 nov. 2009.

Epiphanio, J. C. N. Cbers: estado atual e futuro. In: Simpósio Brasileiro de Sensoriamento Remoto, 14. (SBSR), 2009, Natal. *Anais...* São José dos Campos: Inpe, 2009. p. 2001-2008. DVD, online. Disponível em: <http://urlib.net/dpi.inpe.br/sbsr@80/2008/11.17.22.45>. Acesso em: 23 nov. 2009.

Epiphanio, J. C. N. Cbers: Satélite Sino-Brasileiro de Recursos Terrestres. In: Simpósio Brasileiro de Sensoriamento Remoto, 12. (SBSR), 2005, Goiânia. *Anais...* São José dos Campos: Inpe, 2007. p. 915-922. DVD, online. Disponível em: <http://urlib.net/dpi.inpe.br/sbsr@80/2004/11.21.19.28>. Acesso em: 23 nov. 2009.

Epiphanio, J.C.N. Perfil da distribuição de imagens do Cbers-2 no período 2004-2006. In: Simpósio Brasileiro de Sensoriamento Remoto, 13. (SBSR), 2007, Florianópolis. Anais... São José dos Campos: Inpe, 2007. p. 867-873. DVD, online. ISBN 978-85-17-00031-7. Disponível em: <http://urlib.net/dpi.inpe.br/sbsr@80/2006/11.24.11.16>. Acesso em: 23 nov. 2009.

Fernandes, P.; Veiverberg, K. T.; Sebem, E. Determinação da produtividade de soja por sensoriamento remoto em nível de talhão. In: Simpósio Brasileiro de Sensoriamento Remoto, 14. (SBSR), 2009, Natal. *Anais...* São José dos Campos: Inpe, 2009. p. 2009-2015. DVD, online. Disponível em: <http://urlib.net/dpi.inpe.br/sbsr@80/2008/11.16.19.55>. Acesso em: 23 nov. 2009.

Freitas, D. M.; Matos, F. L. L. C. C.; Silva, M. C. Fusão de imagens Cbers-2B com SAR/Sipam para identificação de desmatamento na região amazônica. In: Simpósio Brasileiro de Sensoriamento Remoto, 14. (SBSR), 2009, Natal. *Anais...* São José dos Campos: Inpe, 2009. p. 2025-2032. DVD, online. Disponível em: <http://urlib.net/dpi.inpe.br/sbsr@80/2008/11.17.22.11>. Acesso em: 23 nov. 2009.

Moraes, R. V.; Chiaradia, A. P. M. Instituições e agências brasileiras. In: Winter, O. C.; Prado, A. F. B. A. *A conquista do espaço*: do Sputnik à Missão Centenário. São Paulo: Editora Livraria da Física, 2007. p. 123-150.

Orlando, V.; Kuga, H. K. Os satélites SCD1 e SCD2 da Missão Espacial Completa Brasileira – MECB. In: Winter, O. C.; Prado, A. F. B. A. *A conquista do espaço*: do Sputnik à Missão Centenário. São Paulo: Editora Livraria da Física, 2007a. p. 151-176.

Orlando, V.; Kuga, H. K. Rastreio e controle de satélites do INPE. In: Winter, O. C.; Prado, A. F. B. A. *A conquista do espaço*: do Sputnik à Missão Centenário. São Paulo: Editora Livraria da Física, 2007b. p. 177-207.

Rodrigues, T. L.; Antunes, M. A. H.; Fosse, J. M. Avaliação da ortoretificação da imagem do sensor HRC do Cbers 2B utilizando modelo de funções racionais. In: Simpósio Brasileiro de Sensoriamento Remoto, 14. (SBSR), 2009, Natal. *Anais...* São José dos Campos: Inpe, 2009. p. 2139-2146. DVD, online. Disponível em: <http://urlib.net/dpi.inpe.br/sbsr@80/2008/11.17.22.35>. Acesso em: 23 nov. 2009.

Santos, A. M. et al. Caracterização do consumo de água no sul de Portugal (Algarve) a partir da identificação da área agrícola regada utilizando um modelo linear de mistura. In: Simpósio Brasileiro de Sensoriamento Remoto, 14. (SBSR), 2009, Natal. *Anais...* São José dos Campos: Inpe, 2009. p. 2155-2162. DVD, online. Disponível em: <http://urlib.net/dpi.inpe.br/sbsr@80/2008/11.17.21.33>. Acesso em: 23 nov. 2009.

Saraiva, A. G. S. et al. Avaliação do processo de desertificação da sub-bacia do rio São Pedro – Boa Vista/ PB, utilizando sensoriamento remoto e técnicas de tratamento digital de imagens. In: Simpósio Brasileiro de Sensoriamento Remoto, 14. (SBSR), 2009, Natal. *Anais...* São José dos Campos: Inpe, 2009. p. 2169-2175. DVD, online. Disponível em: <http://urlib.net/dpi.inpe.br/sbsr@80/2008/11.18.00.20>. Acesso em: 23 nov. 2009.

4 Aplicações

4.1 Introdução

Após ter sido traçado um panorama geral dos satélites voltados à meteorologia e aos recursos naturais, e apresentadas as bases sobre as quais se assentam as medições feitas por eles, este capítulo trata mais especificamente de algumas aplicações. O objetivo maior aqui será mostrar como os dados fornecidos pelos satélites contribuem para que se possam estudar, entender e resolver problemas práticos e importantes para o Brasil, em particular, e para a sustentabilidade do planeta, de forma mais geral.

As áreas de aplicação dos satélites tratados neste livro são inúmeras. Neste capítulo, abordaremos apenas cinco temas: agricultura, desflorestamento, queimadas, análise de parâmetros metereológicos e previsão de tempo. Esses temas têm estado em pauta em muitas discussões ambientais e econômicas, haja vista suas potenciais magnitudes de interferência em processos ligados às mudanças globais. Muitos outros temas deixarão de ser abordados, como aqueles pertinentes às áreas de oceanografia, hidrologia, geologia, biologia, urbanismo e outras.

Cada área de aplicação, ou problema passível de ser estudado com medições feitas a partir de satélites, tem características próprias quanto às exigências das propriedades dos satélites e seus sensores. Fenômenos mais dinâmicos exigem maior frequência temporal de aquisição de dados ou imageamento; fenômenos ou objetos mais complexos espectralmente exigem sensores com mais bandas espectrais, e que estas sejam mais bem posicionadas no espectro eletromagnético; fenômenos de dimensões menores necessitam de sensores com maior definição ou resolução espacial das suas câmeras ou sensores. Então, pode-se falar em adequação dos satélites às aplicações. Embora um satélite seja projetado para atender a certas aplicações, nada impede que ele seja utilizado para outras. Não obstante, à medida que as aplicações se afastam daquelas especificadas por ocasião do planejamento da missão do satélite, menor é a chance de que as características dos satélites e suas câmeras ajustem-se perfeitamente à aplicação.

Neste capítulo, à medida que as aplicações forem sendo apresentadas, a maior ou menor adequação dos diversos satélites serão discutidas. Também serão apresentadas as características ideais que se espera dos sensores e satélites para cada aplicação.

4.2   Agricultura

A agricultura tem um papel de grande relevância econômica e ambiental no cenário brasileiro. Do ponto de vista econômico, representa boa parte do PIB (Produto Interno Bruto) e gera grandes superávits na balança comercial. É responsável por uma larga cadeia produtiva, que envolve insumos (combustível, máquinas, ferramentas, sementes, fertilizantes, produtos para tratamento fitossanitário etc.), terra, transporte (tratores, caminhões, trens, navios), comércio (bancos, empresas de planejamento, assessoria, assistência técnica e produção, distribuição etc.), processamento, armazenamento, embalagens, industrialização, comércio final etc.

Com a inserção cada vez maior da agricultura brasileira no cenário internacional, essa cadeia tende a se fortalecer de forma crescente. Do ponto de vista ambiental, a agricultura relaciona-se diretamente com o solo e sua qualidade e conservação, com a água e sua qualidade, seu gerenciamento e distribuição, e com a atmosfera. Como a produção agrícola exige prioritariamente porções de terra, sempre ocorre tensão entre o uso agrícola e a preservação de áreas de terra. Embora o aumento da produtividade agrícola amenize a exigência de expansão de áreas físicas de terra, nem sempre isso ocorre de forma harmônica, e a tensão, em geral, se faz presente. Portanto, o estudo da agricultura nos seus aspectos produtivos, ambientais e territoriais é de alta relevância no Brasil.

A agricultura possui muitas facetas que se ajustam bem à sua análise por sensoriamento remoto. Ela é uma atividade realizada a céu aberto, o que permite sua visualização nos produtos de sensoriamento remoto ou nas imagens. A agricultura estende-se por todo o território (por exemplo, é possível encontrar soja de sul a norte), o que se ajusta bem à característica dos satélites de órbita polar, que permitem o imageamento de qualquer parte do território. Ela cobre grandes extensões de terra e os satélites têm uma cobertura ubíqua do território. Cada cultura agrícola tem características espectrais próprias (ainda que muito similares em alguns casos ou fases agrícolas), e as câmeras imageadoras obtêm dados em múltiplas faixas espectrais, o que auxilia a identificação de cada cultura. Cada cultura tem seu ciclo, e cada fase agrícola tem características fenológicas próprias, e os satélites de órbita polar têm a capacidade de revisita, e podem imagear a mesma área de tempos em tempos, o que permite o acompanhamento do desenvolvimento das culturas. Ou seja, os alvos agrícolas são muito adequados para serem monitorados e estudados por satélites de sensoriamento remoto.

4.2.1 Aspectos agrícolas

Para que se possa entender como o sensoriamento remoto pode ser utilizado para análises agrícolas, é necessário que se apresentem alguns aspectos agrícolas que têm influência no sensoriamento remoto das culturas. O primeiro aspecto é aquele que se relaciona com a composição da cena agrícola, ou seja, com os elementos agrícolas que constituem certo elemento de resolução da imagem ou pixel. De forma muito simplificada, a área do terreno correspondente a um pixel de uma imagem sobre uma área agrícola é constituída de plantas (material fotossinteticamente ativo), solo, material não fotossinteticamente ativo e sombras. Cada um desses elementos tem uma resposta espectral própria e ocupa uma determinada porção do terreno correspondente ao pixel. A ponderação entre a área de cada elemento e sua respectiva área constituirá uma resposta espectral própria que será registrada numa imagem de satélite, de acordo com a Equação 4.1.

$$R = \rho_p \cdot a_p + \rho_{sl} \cdot a_{sl} + \rho_{nf} \cdot a_{nf} + \rho_{sb} \cdot a_{sb} \qquad (4.1)$$

Onde: R = reflectância de uma área agrícola, ρ = reflectância, a = área, p = planta, sl = solo, nf = material não fotossinteticamente ativo, sb = sombra.

Cada um desses componentes desempenha um papel na reflectância final do alvo agrícola. A Figura 4.1 apresenta as curvas genéricas de reflectância espectral desses componentes. O comportamento espectral de cada componente é bastante variável. As folhas, que constituem a maior parte dos elementos visíveis das plantas, mudam seu comportamento espectral ao longo do tempo (PONZONI; SHIMABUKURO, 2007; JENSEN, 2009). No início do ciclo, as folhas são tenras e têm alto conteúdo de água; depois, passam a ter estrutura e composição físico-química estável até que o processo de senescência começa. Então, perdem água, os pigmentos transformam-se, a estrutura interna se degenera. A própria planta altera sua estrutura, pois a massa foliar e a altura mudam ao longo do ciclo, novos elementos surgem e desaparecem (folhas) ou se transformam (flores, frutos).

Essas mudanças na planta e nos seus elementos causam alterações contínuas na sua reflectância. Além disso, cada planta (espécie ou mesmo cultivar) tem seu próprio ritmo de desenvolvimento, que é, ainda, influenciado pela data de plantio e pelas condições climáticas reinantes durante seu ciclo vital. Tais variações e características próprias de cada planta causam variações em sua representação numa imagem de satélite, as quais devem ser consideradas durante o processo de análise.

Os solos nos quais as culturas agrícolas são instaladas também estão longe de ser homogêneos. As características físico-químicas dos solos variam de local para local. O Brasil possui grande variedade de solos, e praticamente em todos eles há cultivos agrícolas. Por exemplo, é possível encontrar lavouras em solos de reflectância desde muito baixa até muito alta. Os solos influenciam a reflectância de uma cena agrícola de duas maneiras: uma é pela sua própria natureza de reflexão da energia eletromagnética e outra é pela sua influência no desenvolvimento das culturas que neles se instalam. Ou seja, solos que têm melhores condições físico-químicas para os cultivos agrícolas fazem com que a cena agrícola seja diferenciada em relação àqueles solos com menores condições físico-químicas. Nesses casos, por exemplo, as plantas podem apresentar menor desenvolvimento ou a lavoura pode apresentar irregularidade.

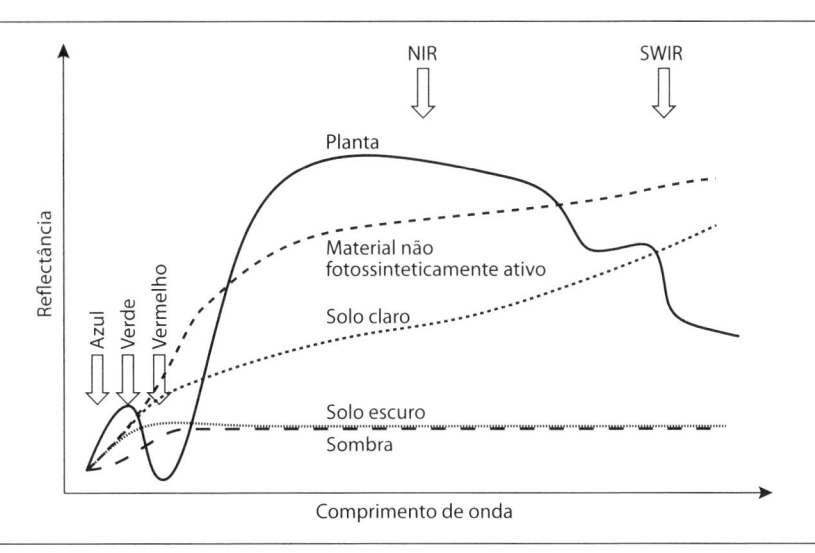

FIGURA 4.1 – Comportamento espectral genérico dos principais alvos constituintes de uma cena agrícola. Azul, verde, vermelho, NIR (infravermelho próximo), SWIR (infravermelho de ondas curtas) são regiões espectrais importantes.

Os outros elementos da cena agrícola – sombra e vegetação não fotossinteticamente ativa – também têm um papel na reflectância da cena agrícola. A natureza e estádio de desenvolvimento, bem como o conjunto e disposição das plantas, em conjunto com os ângulos azimutal e de elevação do Sol e da câmera imageadora a bordo do satélite modelam a magnitude, a forma e a posição das sombras na cena agrícola. As sombras são fruto do bloqueio da luz solar pelos elementos da planta, principalmente pelas folhas. Porém, esse bloqueio não é total, pois as folhas apresentam transmitância da luz, e tal transmitância varia em função do comprimento de onda. Assim, pode-se dizer que as sombras das plantas não são uniformes ao longo do espectro e, portanto, afetam as imagens de satélite de forma diferenciada em função do comprimento de onda a que cada banda corresponde. Quanto aos materiais não fotossinteticamente ativos, eles se compõem de restos de vegetais de culturas anteriormente cultivadas no local, de elementos da cultura atual que não têm função fotossintética (caule, ramos), e de novos materiais não fotossinteticamente ativos que vão surgindo durante o desenvolvimento da cultura atual por causa da perda de função de certos elementos (principalmente elementos foliares).

Esses constituintes da cena agrícola estão em permanente mudança durante o desenvolvimento de cada cultura. É do seu balanço que depende a aparência de cada pixel agrícola numa imagem de satélite. Obviamente, essa forma de apresentação e de definição dos constituintes da cena agrícola abordada aqui é uma simplificação da realidade.

Após essas considerações básicas sobre a composição da cena agrícola num nível mais detalhado, é necessário que sejam feitas considerações sobre os diversos tipos de culturas que compõem a agricultura e que têm influência no comportamento espectral dos alvos agrícolas em imagens de satélites de sensoriamento remoto. A primeira grande divisão que pode ser feita é quanto à duração de cada cultura num certo talhão[1]. Em geral, as culturas são divididas em **perenes**, **semiperenes** e **temporárias** ou **anuais**. Após o plantio, as perenes permanecem plantadas por diversos anos – geralmente mais de 10 anos. As semiperenes permanecem no campo por alguns anos e as anuais são plantadas todo ano. A seguir, analisa-se o impacto dessa característica no sensoriamento remoto agrícola.

Entre as culturas perenes de expressão econômica destacam-se o café e as frutíferas, especialmente as citrícolas. Em geral, as culturas perenes são plantadas em mudas pequenas no campo e se tornam árvores ou arvoredos depois de poucos anos, e assim permanecerão no campo por muito tempo. Como se tornarão arvoredos, as mudas têm de guardar uma razoável distância entre si por ocasião do plantio, para que haja iluminação, possibilidade de tratos culturais etc., quando as plantas estiverem adultas. Com isso, durante a parte inicial do ciclo de desenvolvimento, há uma baixa relação entre a área ocupada para cada planta e a área de solo exposto. Portanto, a influência do solo nos estádios iniciais de desenvolvimento das culturas perenes é muito grande.

Em virtude dessa grande exposição do solo, pode ser adotada a prática de se aplicar algum tipo de cobertura entre as plantas para fazer a proteção do solo quanto ao excesso de incidência solar e chuvas. Assim, nessas fases iniciais, a quantidade dos componentes **planta** e **sombra** é baixa, enquanto a quantidade dos componentes **solo** e **vegetação não fotossinteticamente ativa** é alta, mas suas proporções relativas dependem dos tratos agrícolas adotados pelo agricultor. Além desses tratos e procedimentos, há outros que podem ser adotados pelo agricultor e que trazem maior complexidade na análise desses alvos.

---

[1] Talhão: porção de terra ocupada por mesma cultura e que tenha características muito semelhantes de data de plantio e tratos culturais.

À medida que as plantas crescem, a proporção da área ocupada por elas aumenta. Ao mesmo tempo, como ganham altura, os efeitos de sombreamento aumentam em importância, enquanto os efeitos do substrato (solo e componentes não fotossinteticamente ativos) diminuem. Quanto mais adensado for o espaçamento entre as plantas e maior o desenvolvimento das plantas, menores serão os efeitos de sombreamento e do substrato, e mais regular será o comportamento espectral do talhão.

O café – uma típica cultura perene – é um produto tradicional da agricultura brasileira e importante item de consumo interno e da pauta de exportação. É plantado em alguns estados brasileiros, sendo que Minas Gerais, Espírito Santo, Paraná e São Paulo são os principais produtores. Além dos aspectos descritos aqui para as culturas perenes em geral, o café apresenta, pelo menos, três características adicionais de importância para o sensoriamento remoto. Uma delas é que o café é uma cultura bienal, ou seja, tem alternância entre anos de maior e de menor produtividade. Os sistemas de plantio, notadamente a disposição e o número de plantas por hectare[2] no terreno, é muito variado. Entre os tratos culturais existe uma prática de poda após alguns anos de produção, que além de poder ser de diferentes tipos – desde um desbaste suave até um corte raso –, introduz mudanças radicais no comportamento espectral do talhão em que tal prática é aplicada.

A cultura citrícola, em que se destaca a laranja, é cultivada principalmente no Estado de São Paulo e constitui um importante produto de exportação, principalmente na forma de suco. Atualmente, o Brasil é o maior produtor mundial de laranja e de suco, sendo o maior exportador de suco (BELASQUE et al., 2009). Em comparação com o café, no citrus os espaçamentos são maiores e não há a prática da poda ou a bienalidade da produção. Do mesmo modo que para o café, a análise das culturas perenes por sensoriamento remoto é facilitada pela maior disponibilidade de imagens, tanto durante um ano agrícola como ao longo dos diversos anos agrícolas. Particularmente, quando se trata de imagens ópticas, essa é uma vantagem analítica importante. Uma vez feita a identificação de uma área como sendo de cultura perene, tem-se a certeza de que há uma baixa probabilidade de mudança do uso naquele talhão.

---

[2] Hectare (ha): unidade de medida de área equivalente a 10.000 m^2.

Na classe das culturas semiperenes destaca-se a cana-de-açúcar. Até algum tempo atrás, essa cultura era cultivada primordialmente em São Paulo, no Paraná e em alguns estados do Nordeste. Porém, mais recentemente, seu cultivo tem-se ampliado sobremaneira para outros estados, notadamente Minas Gerais, Goiás e Mato Grosso do Sul. E, mesmo nos estados tradicionalmente produtores, a área cultivada também tem-se expandido acentuadamente.

A cana-de-açúcar gera dois importantes produtos: o açúcar propriamente dito e o álcool, que serve como combustível. Com o aumento da frota de automóveis movidos a álcool e com o álcool sendo visto cada vez mais como um combustível "limpo", e ainda com a possibilidade de se ampliar sua exportação, é natural que a área de cultivo de cana-de-açúcar seja ampliada. Porém, há uma permanente discussão sobre as consequências da expansão da área de cana-de-açúcar, pois se, por um lado, há geração de combustível mais limpo e maiores receitas de exportação, por outro, discute-se a competição da cana-de-açúcar por áreas de culturas alimentares e por novas áreas, como florestas e cerrados.

Há três situações básicas em que se pode encontrar a cana-de-açúcar no campo. A primeira é a chamada **cana de ano**, que, na Região Centro-Oeste e Sudeste é plantada no início do período de chuvas e será colhida no ano seguinte. A **cana de ano e meio** é plantada no meio do período de chuvas e será colhida cerca de 18 meses após o plantio. Esses dois tipos constituem o que se denomina **cana planta**, pois são cultivos novos, plantados para darem início a um ciclo semiperene. A terceira situação é a da chamada **cana soca**, que corresponde a todas aquelas áreas de cana que já sofreram, pelo menos, um corte ou colheita e são fruto de rebrota da cana de ano, cana de ano e meio ou de outra cana soca. A partir do primeiro corte ou colheita, a cana-de-açúcar é colhida todo ano. Em geral, um talhão de cana-de-açúcar sofre, pelo menos, quatro colheitas até ser plantado novamente. Com os sucessivos cortes, a produtividade sofre declínio e é necessário novo preparo de solo e novo plantio para que a rentabilidade e produtividade do talhão sejam restabelecidas.

Essas características da cana-de-açúcar trazem algumas implicações para o sensoriamento remoto dessa cultura. Por ser uma cultura semiperene, que permanece alguns anos no campo, ela permite que muitas imagens de satélite possam ser adquiridas durante seu ciclo agrícola, o que amplia o potencial de sua análise por sensoriamento remoto. Durante um ano agrícola, a cana-de-açúcar pode ser encontrada em diversos estádios de desenvolvimento, uma vez que sua colheita, feita por corte manual ou mecânico, estende-se por mais de nove meses do ano. Assim, o trabalho do analista de sensoriamento remoto fica facilitado, pois ele pode usar os conhecimentos agronômicos sobre as características da evolução do ciclo de desenvolvimento da cana-de-açúcar como fator positivo para sua identificação e análise. Além disso, a presença da cana-de-açúcar em praticamente todas as estações do ano, no campo, facilita sua discriminação de outras culturas com potencial de causar confusão com seu padrão espectral.

4.2.2 Variáveis de interesse

O sensoriamento remoto pode ser aplicado à agricultura em diversos aspectos. Os mais básicos referem-se à estimação de parâmetros biofísicos das culturas, como índice de área foliar (IAF), percentagem de cobertura do solo e fitomassa (HIVELY et al., 2009), bem como teor de clorofila (WU et al., 2010). Do ponto de vista mais aplicado, pode-se fazer a quantificação da área cultivada para cada cultura – um dado chave para as estimativas da produção agrícola –, o monitoramento do avanço da agricultura sobre novas áreas, a rotação de uso agrícola, a evolução agrícola ao longo dos anos numa certa região, a estimativa das datas de plantio e das condições gerais das culturas, a avaliação da condição das culturas, análise da relação da agricultura com o meio ambiente nos mais variados aspectos (por exemplo, aplicação da legislação para licenciamento ambiental). A seguir, abordaremos alguns desses tópicos.

O IAF refere-se à área das folhas (considerando-se apenas uma face) contida num m^2 de terreno. É uma variável importante, pois entra em muitos modelos ligados à agricultura e à vegetação em geral. Por exemplo, sabe-se que o IAF ou a área de folhas numa certa área guarda relação com a capacidade de transpiração da planta (MARIN et al., 2002) e com os processos fotossintéticos. Epiphanio e Huete (1995) e Yang et al. (2007) mostraram haver correlações significativas entre índices de vegetação e a fração da radiação fotossinteticamente ativa absorvida (fAPAR) pelas plantas.

Os índices de vegetação são um único valor gerado a partir da redução de medidas multiespectrais (duas ou mais bandas espectrais) mediante operações algébricas, cuja função básica é realçar determinados aspectos ligados à vegetação. Entre inúmeros outros, o mais comum deles é o índice de vegetação por diferença normalizada (NDVI), que se expressa pela Equação 4.2. Os índices de vegetação podem ser delineados para minimizar a influência do solo ou da atmosfera, para realçar a condição hídrica das plantas, para destacar certos componentes das folhas etc. Uma das grandes vantagens dos índices de vegetação é a de minimizar os efeitos multiplicativos que podem ocorrer nas imagens, como aqueles ligados à topografia ou posição solar.

$$NDVI = \frac{(NIR - V)}{(NIR + V)} \tag{4.2}$$

Onde: *NIR* e *V* são a reflectância no infravermelho próximo e no vermelho, respectivamente. Essa reflectância pode ser obtida por quaisquer equipamentos de sensoriamento remoto, desde instrumentos de laboratório até câmeras em satélites.

A percentagem de cobertura do solo é outro parâmetro de interesse na agricultura, pois pode estar ligada tanto à análise do desenvolvimento das plantas como aos aspectos ligados à conservação do solo. Entre o plantio e o pleno desenvolvimento da planta, o solo passa por vários níveis de cobertura – praticamente exposto por ocasião do plantio até completamente coberto, quando as culturas estão plenamente desenvolvidas (exceto no caso das culturas perenes). Por exemplo, Hively et al. (2009) utilizaram índices de vegetação derivados de imagens do satélite Spot para avaliar a cobertura do solo por culturas de inverno. O objetivo era avaliar o efeito que o plantio de inverno das culturas de trigo, aveia e centeio exercia sobre a retenção de nutrientes remanescentes das culturas de verão de soja e milho que, de outra forma, seriam lixiviados para o lençol freático e poderiam causar efeitos indesejáveis.

Uma necessidade fundamental na agricultura é a estimativa da produção agrícola de certa cultura. Como se sabe, a produção agrícola de uma cultura é fruto da multiplicação da área cultivada pela sua produtividade. Do balanço dessas duas variáveis é que depende a evolução da produção agrícola. Há diversos métodos para avaliar essas variáveis e os dados provenientes de satélites podem ser utilizados na avaliação de ambas. A avaliação de produtividade é complexa, uma vez que depende de modelos que envolvem dados meteorológicos, ambiente edáfico (ligado ao solo) da cultura, nível tecnológico aplicado (que varia de agricultor para agricultor ou de região para região), modelos matemáticos que integrem as diversas variáveis, acompanhamento do ciclo da cultura e de como os diversos fatores vão se desenvolvendo ao longo do ciclo agrícola etc. Não obstante essa complexidade, os dados de satélite podem ser integrados em modelos de produtividade em várias fases, como no monitoramento do desenvolvimento vegetativo, na detecção de anomalias durante o ciclo, na derivação de variáveis componentes dos modelos (por exemplo, IAF). O leitor pode se referir a diversas fontes sobre a estimativa de produtividade agrícola, como Panda et al. (2010), NASS (2009), JRC (2006) e Statistics Canada (2010).

Quanto à segunda variável da produção agrícola – a área da cultura –, as imagens de satélite são uma fonte de dados imprescindível para sua avaliação. Com os satélites atualmente em operação, é possível quantificar a área da maioria das culturas, especialmente das chamadas grandes culturas (soja, milho, algodão, cana-de-açúcar etc.). Em geral, os talhões dessas culturas são de dimensões físicas compatíveis com as resoluções das câmeras a bordo dos satélites.

Para a quantificação da área das culturas usando imagens de satélite, há basicamente dois métodos: um amostral e outro por mapeamento censitário. O método amostral procura fazer uma estimativa da área total a partir de certo delineamento amostral. As imagens de satélite são componentes do delineamento amostral e da identificação das amostras, conforme indicado em Epiphanio et al. (2002). Um sistema que se baseie num delineamento amostral pode ser bem apropriado às condições brasileiras, uma vez que durante a presença das culturas de verão no campo há alta probabilidade de haver imagens com nuvens, prejudicando o seu uso para identificação das culturas. Em caso de haver poucas imagens ou mesmo no pior caso – em que houver ausência delas –, ainda será possível identificar as amostras por meio de visitas a campo. O sistema amostral pode ser feito tanto para o município como para o estado e deve ser ajustado para cada cultura, uma vez que cada uma apresenta características próprias de cultivo e distribuição territorial.

O sistema que usa imagens de satélite para fazer a quantificação da área agrícola de forma censitária, ou seja, que busca mapear todos os talhões cultivados com certa cultura, exige algumas condições para sua realização. A primeira é a existência de imagens na época em que a cultura está presente no campo. A segunda é que haja imagens de toda a área em que se cultiva a cultura. E a terceira é que a cultura possa ser inequivocamente identificada. As duas primeiras enfrentam o problema de disponibilidade de imagens, especialmente em nosso país, que tem acentuada cobertura de nuvens em muitas regiões por ocasião do cultivo das principais culturas de verão.

Esse problema pode ser minimizado pela disponibilidade de múltiplos satélites ou por satélites que tenham maior poder de revisita. Uma vez satisfeita a condição de disponibilidade de imagens, deve ser levado em conta o grande esforço de mapeamento sistemático dos milhões de talhões existentes no país num prazo relativamente curto, como salienta Pino (1999). A terceira condição – a da identificação inequívoca das culturas – depende das características das câmeras imageadoras, da experiência do intérprete e, muitas vezes, da disponibilidade de diversas imagens para que se conclua sobre a identidade da cultura presente num certo talhão, uma vez que a confusão espectral pode ser grande entre certas culturas. Portanto, um programa de levantamento censitário das culturas por imagens de satélite para um país do porte e com as condições climáticas do Brasil é de difícil execução. Não obstante, ele é factível em algumas situações particulares, como se verá a seguir.

Uma das situações em que é possível aplicar o sistema censitário de identificação e mapeamento de todos os talhões cultivados é para a cana-de-açúcar. Como descrito anteriormente, a cana-de-açúcar apresenta condições muito propícias ao seu mapeamento por imagens de satélite. O Instituto Nacional de Pesquisas Espaciais (Inpe) desenvolveu uma metodologia de identificação e mapeamento amplo da cana-de-açúcar e, em parceria com instituições ligadas ao setor sucroalcooleiro, faz o levantamento sistemático dessa cultura em diversos estados (RUDORFF et al., 2010; CANASAT, 2010) por meio de imagens de satélite. Esse levantamento constitui-se no principal dado sistemático sobre a área dessa cultura atualmente. Por esses estudos, chegou-se à conclusão de que a cana-de-açúcar ocupava $2,57 \cdot 10^6$ ha em São Paulo na safra 2003/2004 e, na safra 2008/2009, passou a ocupar $4,45 \cdot 10^6$ ha.

Além das avaliações de área cultivada, outros aspectos da cultura também têm sido analisados. Por exemplo, com vistas a avaliar a efetividade da legislação ambiental que passou a exigir que a colheita dessa cultura abolisse a prática da queima da palha, mostrou-se que houve sensível redução dessa prática. Por meio de análises multitemporais das imagens de satélite de sensoriamento remoto é possível fazer tal avaliação com alto grau de acerto. Mostra-se que entre 2006 e 2008, embora tenha havido um aumento de 840 mil hectares da área colhida de cana-de-açúcar, a área em que se praticava a queima diminuiu em 150 mil hectares, demonstrando um sensível avanço na introdução de práticas de colheitas que aboliram a queima. Tais avaliações, que são de grande benefício e interesse ambiental, embora possam ser feitas de outro modo, são sensivelmente mais eficientes quando feitas por análises de imagens de satélite.

Outra aplicação de dados de satélite de sensoriamento remoto no setor agroambiental de alto interesse é o que se refere ao acordo para diminuir ou barrar o comércio da soja plantada em áreas de desflorestamento da Amazônia (ABIOVE, 2010), denominado "moratória da soja". Esse acordo visa contribuir para a diminuição do desflorestamento do bioma amazônico. O objetivo é monitorar áreas de desflorestamento que tiveram soja plantada após o ano de 2006, que corresponde ao início do acordo de moratória da soja. A metodologia parte do mapeamento de desflorestamento gerado pelo Programa de Monitoramento de Desflorestamento da Amazônia (Prodes), a ser descrito a seguir, e busca identificar se em tais polígonos de desflorestamentos está havendo plantio de soja. Segundo o acordo de moratória, a produção de grãos provenientes de áreas de desflorestamento não seria adquirida pelas principais empresas de comercialização de soja. Com tal acordo e com o monitoramento via satélite, inibe-se o plantio de soja em áreas de desflorestamento.

4.3 Desflorestamento e queimadas

O Brasil é um país privilegiado em termos de cobertura vegetal. Diversos biomas fazem parte do cenário brasileiro: Amazônia, Caatinga, Cerrado, Mata Atlântica, Pampa, Pantanal. A vegetação original de alguns desses biomas já foi seriamente diminuída, como, por exemplo, o da Mata Atlântica. Estima-se que esse bioma ocupava uma área original de 1,1 milhões de quilômetros quadrados e reduziu-se aos atuais 52.000 quilômetros quadrados. Os cerrados, que outrora cobriam cerca de 2 milhões de quilômetros quadrados, hoje correspondem a cerca de 1,2 milhões de quilômetros quadrados. O bioma Amazônia corresponde a 4,2 milhões de quilômetros quadrados na sua porção brasileira, ou seja, quase 50% do território brasileiro. Estima-se que 84% do bioma amazônico brasileiro ainda estejam preservados, mas tem havido contínuos desflorestamentos.

A discussão sobre o desflorestamento ultrapassa as fronteiras ambientais, pois permeia as áreas políticas, científicas, antropológicas, econômicas etc. É mais do que um tema brasileiro, uma vez que desperta a atenção e o interesse global, haja vista os potenciais impactos que lhe são atribuídos, principalmente no que tange à biodiversidade e às mudanças globais, para se ficar em apenas dois temas. Portanto, é de responsabilidade do Brasil a destinação que se dá ao solo sobre o qual se assenta o bioma amazônico – seja de uso, de conservação, de domínio, de preservação. Uma vez que há inúmeras forças em contínua atuação sobre o bioma, é fundamental que haja um conhecimento do bioma nos seus mais diversos aspectos e um acompanhamento das modificações que vão se sucedendo.

No que diz respeito ao conhecimento do bioma e ao acompanhamento das suas alterações, os satélites têm um papel a desempenhar em alguns aspectos bastante sensíveis. Por exemplo, os satélites têm servido ao acompanhamento e análise dos reservatórios que lá estão instalados ou se instalando (NOVO et al., 2006). Como mostrado anteriormente, eles têm contribuído para a avaliação do controle da expansão da soja em áreas de desflorestamento. Mas uma aplicação fundamental dos satélites de sensoriamento remoto é no monitoramento dos desflorestamentos.

Desde o ano de 1988, o Inpe realiza sistematicamente o mapeamento do desflorestamento da Amazônia Legal[3], cuja metodologia e resultados podem ser encontrados em: <http://www.obt.inpe.br/prodes/>. Esse mapeamento – denominado Monitoramento da Floresta Amazônica Brasileira por Satélite (Prodes) – constitui-se no mais extensivo e consolidado conjunto de dados sobre o desflorestamento da Amazônia. Os seus resultados são utilizados na maioria das importantes análises sobre a Amazônia e seu papel ambiental (KINTISCH, 2007). Quando se tem em conta que se trata de uma extensão de mais de $5 \times 10^6 \, \mathrm{km}^2$ a ser investigada, é possível ter um ideia da magnitude do esforço que

---

[3] A Amazônia Legal compreende os estados do Acre, Amapá, Amazonas, Mato Grosso, Pará, Rondônia, Roraima, Tocantins e parte do Maranhão.

esse mapeamento exige. E também se percebe que a realização de um mapeamento dessa envergadura apenas se tornou possível graças à existência dos satélites de sensoriamento remoto.

Desde o início do desenvolvimento do Prodes, o principal satélite utilizado tem sido o Landsat. Esse satélite, com seu sensor Thematic Mapper (TM), tem características de resolução espacial (30 metros) e espectral (seis bandas no espectro refletido, abrangendo o visível, infravermelho próximo e o infravermelho de ondas curtas), e frequência de revisita de 16 dias, que o tornam muito apropriado à análise qualitativa (identificação e mapeamento) e quantitativa (medição da área) do desflorestamento. Não obstante, embora o Landsat seja um satélite muito apropriado para o mapeamento e medição das áreas de desflorestamento, podem ocorrer problemas de disponibilidade de imagens, seja por problemas na operação do satélite ou por presença de nuvens. Em qualquer caso, sempre se procuram meios alternativos e complementares ao Landsat como fornecedores de dados básicos para a realização do levantamento. Assim, o satélite Cbers é rotineira e complementarmente utilizado, como também o Spot (satélite francês), o Disaster Constellation Monitoring (DMC) e outros podem fazer parte do rol de instrumentos imageadores para a consecução do Prodes.

A metodologia para o levantamento do desflorestamento está descrita em Câmara et al. (2006). Como aí descrito, a metodologia de interpretação de imagens consiste nas seguintes etapas: seleção de imagens com menor cobertura de nuvens e com data de aquisição o mais próximo possível da data de referência para o cálculo da taxa de desflorestamento (1º de agosto); georreferenciamento das imagens; transformação dos dados radiométricos das imagens em imagens dos componentes de cena (vegetação, solo e sombra), pela aplicação de algoritmo de mistura espectral (SHIMABUKURO; SMITH, 1991; 1995) para concentrar a informação sobre o desmatamento em uma a duas imagens; segmentação em campos homogêneos das imagens dos componentes solo e sombra; classificação não supervisionada e por campos das imagens de solo e de sombra; mapeamento das classes não supervisionadas em classes informativas (desflorestamento do ano, floresta etc.); edição do resultado do mapeamento de classes e elaboração de mosaicos das cartas temáticas de cada Unidade Federativa. A Figura 4.2 apresenta os resultados das taxas de desflorestamento desde o ano de 1988 até 2009.

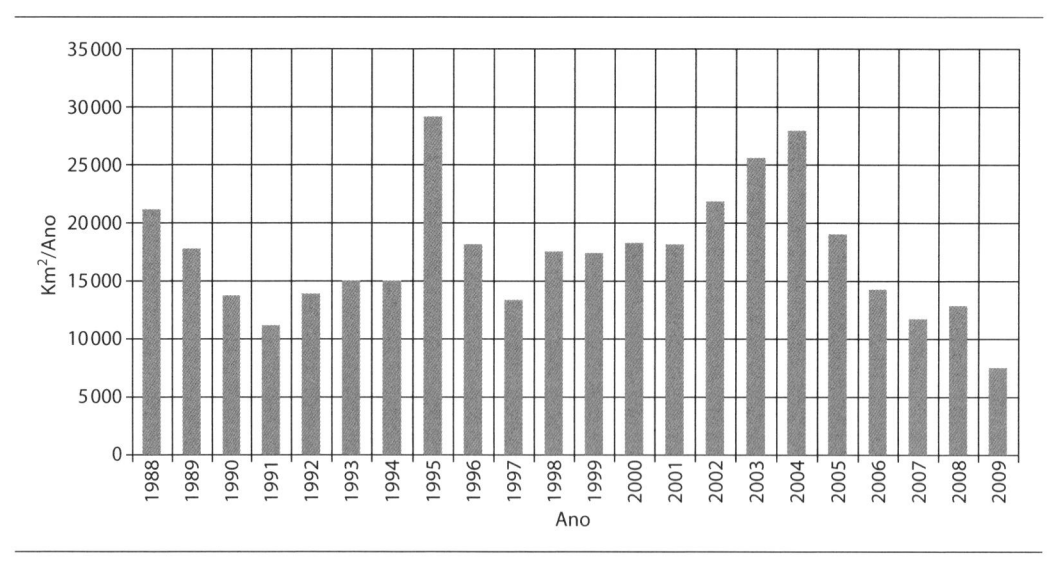

FIGURA 4.2 – Taxas anuais (km²/ano) de desflorestamento na Amazônia Legal.
Fonte: Inpe (2010).

Até o ano de 2002 tem-se o que é denominado Prodes analógico, pois a interpretação das áreas desflorestadas dava-se sobre imagens em papel fotográfico. A partir de 2003, altera-se a metodologia para que possa ser adotado o computador como mecanismo auxiliar no processo de análise das imagens para mapeamento e quantificação do desflorestamento da Amazônia. Desde então, tal metodologia denomina-se Prodes digital. Também a partir de 2003, todos os dados e mapas gerados pelo Prodes são colocados à disposição na internet, com acesso amplo e irrestrito. Os dados do Prodes são fornecidos de modo agregado para toda a Amazônia e para cada estado, mas também podem ser obtidos de forma desagregada por município, o que permite análises e ações mais tópicas.

Embora o Prodes seja de enorme importância para inúmeros estudos e políticas relacionadas à Amazônia, ele produz um dado que indica o que **já aconteceu** em termos de desflorestamento. Ou seja, tem uma eficácia marginal como instrumento para tomada de medidas imediatas para conter o desflorestamento. O Prodes, por própria natureza da metodologia adotada, tem pouca valia como instrumento de ação inibitória do desflorestamento corrente.

Diante dessa limitação do Prodes, era necessário o desenvolvimento de um método de avaliação do desflorestamento que auxiliasse os tomadores de decisão a atuarem frente ao desflorestamento que **estivesse ocorrendo**, de forma a poder identificá-lo e inibi-lo com maior rapidez. Para tanto, o Inpe desenvolveu-se o projeto denominado Detecção de Desmatamento em Tempo Real (Deter), cujos dados e material relacionado podem ser encontrados em: <http://www.obt.inpe.br/deter/>. A metodologia do Deter pode ser encontrada em Inpe (2008). Como mostra esse documento, o Deter é um sistema de apoio à fiscalização e controle do desflorestamento da Amazônia. Com ele, o Inpe divulga mensalmente um "mapa de alertas", com áreas maiores que 25 ha. Esses mapas indicam áreas totalmente desflorestadas (corte raso) e áreas em processo de desflorestamento por degradação florestal progressiva.

A finalidade do Deter é fornecer um mapa indicativo de ocorrência de desflorestamento. O Deter não tem a finalidade de gerar um mapa quantitativo de área de desflorestamento. Tendo esse objetivo bem claro, usam-se dados de satélites que têm alta frequência de revisita, mas com baixa capacidade de resolução espacial. Para tanto, são prioritariamente usados os dados do sensor Moderate Resolution Imaging Spectroradiometer (Modis), que está a bordo dos satélites Terra e Aqua, e do sensor WFI (Câmera Imageadora de Baixa Resolução Espacial), que estava a bordo dos satélites Cbers-2 e 2B. Portanto, o Deter prioriza a rapidez da identificação do desflorestamento emergente e não a precisão da quantificação da área. Com esses mapas de alerta, os órgãos de fiscalização pertinentes (por exemplo, Ibama, Secretarias Estaduais de Meio Ambiente, Promotoria Pública) são capazes de verificar, com prontidão, a situação da ocorrência quanto à legalidade e extensão, e tomar as medidas cabíveis. Esses dados permitem o planejamento de ações de campo e operações de combate ao desflorestamento ilegal.

Esses dois instrumentos de mapeamento, medição e monitoramento têm servido como importantes instrumentos à disposição da sociedade para o controle das ações de desflorestamento na Amazônia e para as análises de desflorestamento como variáveis nos cálculos de emissões de carbono (FEARNSIDE, 2006). Ambos os projetos são operacionais em rotina e dependem fundamentalmente de dados de satélites para sua execução. Pode-se dizer que sem satélites seria impossível obter tais informações sobre o desflorestamento. Isso reforça ainda mais a necessidade que o Brasil tem de fortalecer seu programa espacial de observação da Terra.

Outro aspecto ligado ao meio ambiente, aos biomas e à própria atmosfera é a prática das queimadas. O Brasil, desde tempos imemoriais, combate essa prática. Se antes era usada como mecanismo de possível restauração das pastagens, hoje seu uso ampliou-se para os locais de abertura de novas áreas – seja nos cerrados ou nas florestas – e em certas operações agrícolas (prática pós-colheita do algodão e prática pré-colheita manual da cana-de-açúcar).

Como efeito negativo das queimadas, pode-se citar a degradação florestal, a perda de microrganismos e perda da biodiversidade, as emissões de gases de efeito estufa, o prejuízo local, como doenças respiratórias nas populações próximas diretamente afetadas, fechamento de aeroportos, perdas materiais, e outros.

O Inpe desenvolve e mantém um programa de pesquisa e monitoramento de queimadas de forma operacional. Os resultados e informações desse programa podem ser obtidos em: <http://sigma.cptec.inpe.br/queimadas/>. O monitoramento dos focos de queimadas é feito com o uso de imagens de satélites. O princípio básico é o de que os objetos que estão à temperatura de ocorrência dos focos de queimada emitem radiação eletromagnética principalmente na região de 3,5 a 4,5 μm. Há satélites, como os da série National Oceanic and Atmospheric Administration (NOAA), que são dotados com a câmera imageadora Advanced Very High Resolution Radiometer (AVHRR), que possuem um canal imageador exatamente nesta faixa espectral, propícia ao monitoramento dos focos de queimada. O sensor Modis (já mencionado anteriormente) também possui bandas apropriadas para a detecção de focos de queimada.

Os focos de queimada são eventos bem dinâmicos e, portanto, para seu monitoramento é preciso que haja alta frequência de imageamento. Os satélites mencionados (NOAA e Terra) têm frequência diária, porém têm baixa resolução espacial. Assim, embora os focos de queimadas sejam detectados, a precisão na medição de sua extensão é prejudicada. Nessa mesma linha, como o pixel desses sensores varia de 1 a 4 km, é possível que mesmo pequenos focos de queimada os sensibilizem. Nesse caso, também sua localização no terreno pode ser prejudicada, podendo haver variação de cerca de 1 km em relação às coordenadas indicadas.

A partir dos dados de focos de queimada e de outros dados, como tipo da vegetação e condições atmosféricas, é possível gerar a concentração e a dispersão das emissões provenientes das queimadas (LON-GO et al., 2007). Outro produto importante gerado pelo programa de monitoramento de queimadas é o mapa de risco de queimadas. Dependendo do tipo de vegetação, da estação do ano ou da precipitação pretérita, das condições de temperatura e umidade do ar é possível avaliar o potencial de ocorrência de queimadas.

4.4 Estimativa de parâmetros atmosféricos e ambientais

Conforme mencionado no Capítulo 2, uma imagem é composta por uma grande matriz de pixels com valores de *counts* ou níveis que correspondem à radiação medida naquela área. Esses dados são medidos em diferentes regiões do espectro eletromagnético, permitindo a estimativa de diversos parâmetros. Há um grande número de aplicações que, a partir da informação digital fornecida pelo satélite, recupera uma informação ambiental específica. A seguir, apresentamos exemplos de algumas dessas aplicações voltadas à meteorologia.

4.4.1 Estimativa da precipitação

A precipitação é um parâmetro de diagnóstico crucial (Figura 4.3), pois determina a distribuição de calor latente na atmosfera, que é o principal responsável pelos movimentos atmosféricos. A precipitação, em particular, é difícil de ser medida, em razão da sua grande variabilidade espacial e temporal. A precipitação sobre o continente é monitorada em regiões esparsas por estações de superfície. Sobre o oceano, a estimativa de precipitação somente é obtida por satélites.

As técnicas de estimativa de precipitação podem ser dividas entre as que se baseiam em dados de sensores **passivos** nas faixas espectrais do visível, infravermelho e micro-ondas, e as que se baseiam em dados de sensores **ativos**, do tipo radar. Os primeiros métodos utilizavam a faixa de frequência do visível; posteriormente, evoluíram para o infravermelho, que permite a observação durante todo o dia; e, atualmente, empregam-se as frequências de micro-ondas, que permitem uma estimativa mais precisa da intensidade da chuva. Somente há poucos anos surgiram os primeiros satélites que levam a bordo sensores ativos, tal como Tropical Rainfall Measuring Mission (TRMM, Missão de Medição da Precipitação Tropical). Os sensores ativos irradiam energia sobre os alvos e medem a quantidade de energia retroespalhada por eles, sendo que essa energia retroespalhada é proporcional à intensidade da chuva.

Os métodos que utilizavam dados da região do visível consideravam que a energia refletida pela nuvem era função do conteúdo d'água e da espessura óptica da nuvem e, consequentemente, relacionava-se com a precipitação. Barret (1970) apresenta um dos primeiros métodos de estimativa da precipitação, utilizando o canal visível. Esse método, conhecido como indexador de nuvens, associa taxas de precipitação específicas para cada tipo de nuvem, baseando-se em uma classificação de nuvens com a utilização do canal visível. Posteriormente, esse método foi aprimorado com a utilização do canal infravermelho.

As técnicas que utilizam o canal infravermelho baseiam-se na correlação que existe entre a altura do topo da nuvem e a taxa de precipitação. Um dos métodos mais conhecidos foi inicialmente desenvolvido por Arkin (1979), denominado de Goes Precipitation Index (GPI). Essa técnica baseia–se na alta correlação entre a fração de nuvens com temperaturas inferiores a 235 K e a área de chuva observada por radar. Hoje, existem diversas técnicas que utilizam satélites geoestacionários para estimar a precipitação. Essas técnicas visam aperfeiçoar a estimativa, seja por meio da separação de nuvens convectivas e estratiformes, como a técnica Convective Stratiform Technique, de Adler e Negri (1988), seja adicionando outras informações, como hidroestimador, que utiliza dados de previsões de tempo (ANGELIS et al., 2005).

As estimativas feitas a partir da utilização de imagens infravermelhas são eficazes somente quando acumuladas para grandes áreas e intervalos de tempo. Para as aplicações que necessitam da informação em uma pequena escala temporal e espacial essas estimativas são limitadas, pois a relação indireta entre a altura do topo da nuvem e a precipitação só é boa quando integrada em uma grande amostra de dados. Para melhorar essas estimativas surgiram os métodos que utilizam as frequências na faixa das micro-ondas. Nessa faixa de frequência, as nuvens são transparentes – a radiação somente é absorvida ou espalhada quando as gotas de água nas nuvens crescem e atingem o tamanho de gotas de chuva. Dessa forma, a estimativa é bem mais precisa; ainda mais quando se considera que a emissividade da água nessa faixa do espectro é muito baixa. Portanto, sobre os oceanos, as temperaturas de brilho, quando não está chovendo, são baixas; porém, na presença de nuvens, em virtude da absorção da radiação pelas gotas de chuva, a temperatura de brilho é razoavelmente mais alta, gerando um forte contraste, que permite uma estimativa mais precisa da precipitação. Sobre o continente, esse processo não se aplica, pois a emissividade do continente é alta e o contraste entre as situações de céu claro e de nuvens precipitantes é mais baixo. Nesse caso, utiliza-se uma relação indireta entre a radiação espalhada pelo topo das nuvens em decorrência da quantidade de gelo nessa área e a precipitação na superfície.

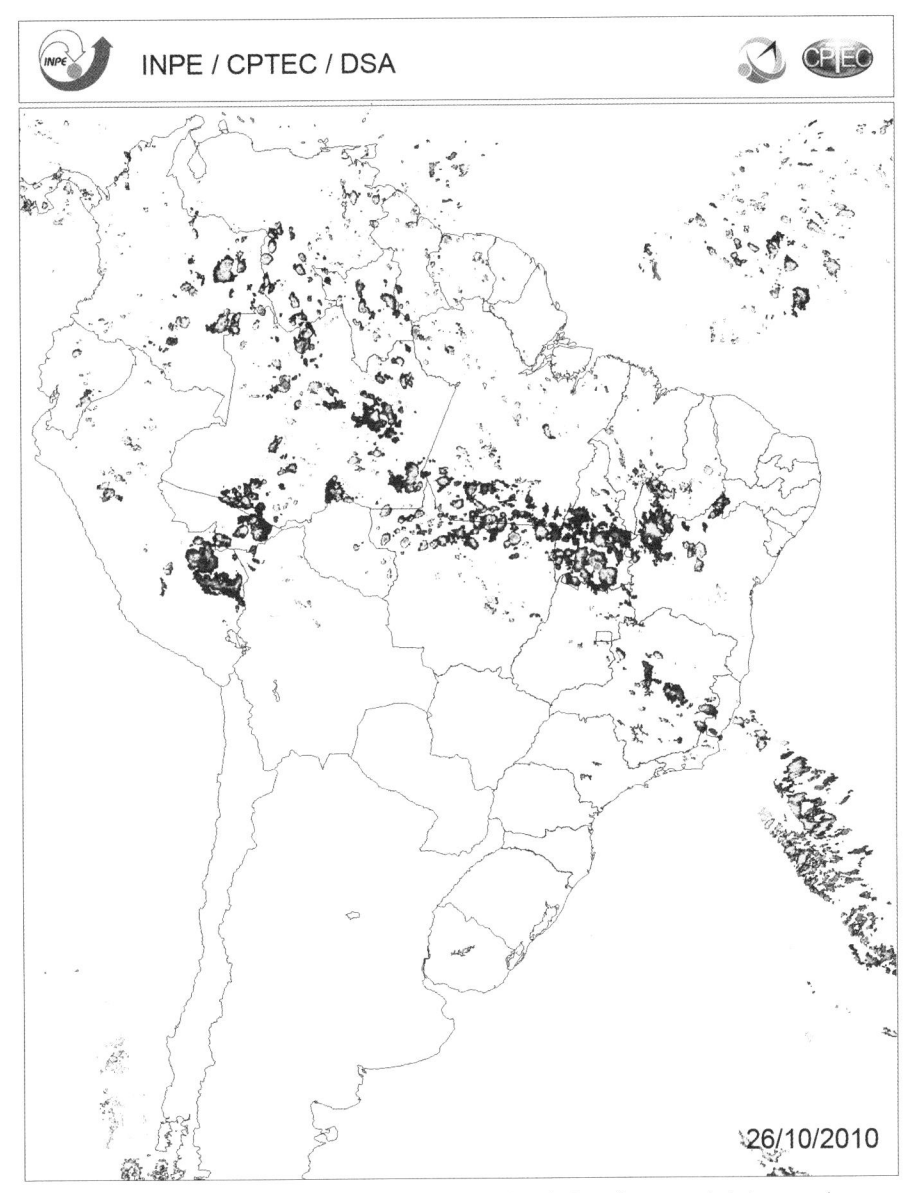

Figura 4.3 – Exemplo do campo de precipitação estimado pelo Cptec/Inpe a partir de imagens do satélite Goes-12.

Apesar de os canais de micro-ondas fornecerem uma informação sobre a precipitação bastante superior aos canais infravermelhos, a radiação na faixa das micro-ondas emitida pela Terra e pela atmosfera é bastante reduzida, tornando necessários complexos algoritmos de processamento da informação para eliminação dos ruídos. Para minimizar essa limitação, em novembro de 1997, foi lançado o satélite TRMM, o primeiro radar meteorológico embarcado em um satélite. Hoje em dia, as estimativas de precipitação em tempo real são relativamente precisas. Porém, esse satélite, por ser único, permite obter medidas somente algumas vezes por dia, tornando necessário complementar a informação com imagens infravermelhas, que têm uma alta frequência temporal de imageamento.

4.4.2 Estimativa do vento com a utilização de satélites meteorológicos

Os ventos, deduzidos a partir da análise da trajetória das nuvens observada por imagens de satélites geoestacionários, são reconhecidos como uma importante fonte de informações para a previsão numérica do tempo. Os dados de vento, extraídos por esses métodos, são em maior número e mais importantes em regiões tropicais, onde as observações convencionais são esparsas. Ressaltamos também a importância dessas informações sobre os oceanos, principalmente no hemisfério sul, em vista da grande área coberta por eles. Uma das limitações do método é a necessidade da existência de nuvens para sua aplicação.

A metodologia básica dos modelos de extração do vento é baseada nos trabalhos de Schmetz (1993), Laurent (1993) e Laurent et al. (2002). Para calcular o vetor vento, utiliza-se uma imagem infravermelha (IR) no tempo t0 – 30 minutos (tempo atual menos 30 minutos), uma imagem IR e outra no canal do vapor-d'água em t0 e, finalmente, uma imagem IR em t0 + 30 minutos (tempo atual mais 30 minutos). O cálculo dos vetores pode ser realizado de forma completamente automatizada. Para esse cálculo, o modelo estima os vetores por meio da distância euclidiana, percorrendo o campo de cálculo segundo uma espiral. A área básica de cálculo é uma região de 32 × 32 pixels que calcula a menor distância euclidiana em uma janela de 96 × 96 pixels. O cálculo em espiral permite aperfeiçoar significativamente os cálculos. Obtido o melhor deslocamento, calcula-se a correlação entre os dois segmentos, visando analisar o grau de precisão do cálculo. Se a correlação é inferior a um dado valor de referência, despreza-se o vetor. Esses cálculos são realizados em um disco de 55° centrado no ponto subsatélite.

Esse procedimento gera um grande número de vetores, sendo necessário analisar a qualidade dos ventos obtidos e, para tanto, vários testes são aplicados. O teste mais importante é o teste de simetria. Esse teste analisa a coerência temporal entre os vetores obtidos em t0 e t0 – 30 minutos com aqueles obtidos em t0 e t0 + 30 minutos. Se houver uma diferença significativa o vetor é rejeitado, pois se considera que a correlação foi baseada em formações de nuvens aleatórias e não em um deslocamento real de um determinado conjunto de nuvens na escala sinótica.

A última etapa é a definição da altura desse vetor. Para tanto, considera-se que o nível de pressão definido para um dado vetor vento é igual ao nível de pressão em que a temperatura da atmosfera é igual à temperatura de brilho infravermelha das nuvens. Essa suposição é verdadeira para nuvens espessas do tipo *Cumulus Nimbus*. Contudo, para nuvens tipo *Cirrus*, por exemplo, a emissividade das nuvens é normalmente inferior a 1 e, portanto, a nuvem é semitransparente e se faz necessário aplicar uma correção. Essa correção utiliza um modelo radiativo e perfis de temperatura e umidade, normalmente obtidos de modelos numéricos de previsão de tempo. A Figura 4.4 apresenta um exemplo do resultado final desse método.

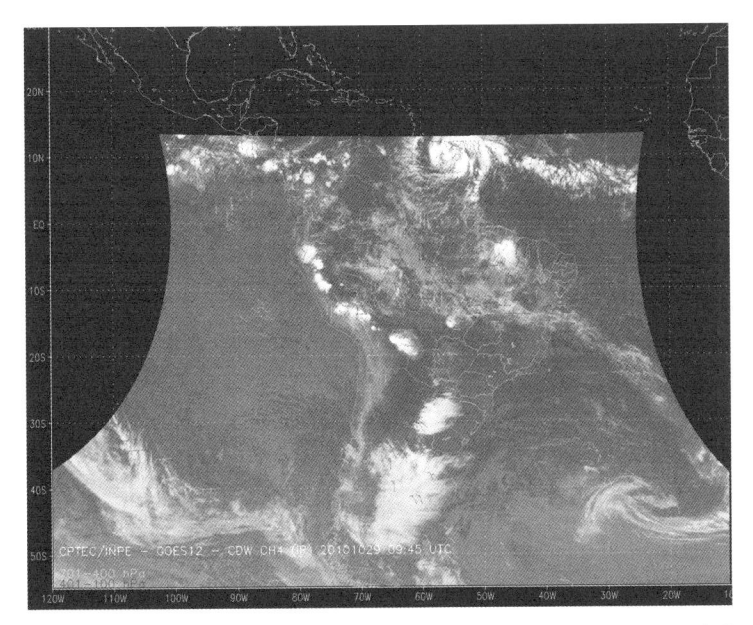

FIGURA 4.4 – Campo de vento estimado pelo Cptec/Inpe a partir de imagens do Goes-12 para o canal infravermelho (IR).

4.4.3 Estimativa de perfis de temperatura e umidade

Essa é uma informação valiosa para a meteorologia, pois a previsão de tempo depende do conhecimento do estado atual da atmosfera, que consiste basicamente nos perfis de vento, temperatura e umidade.

Para obter esses perfis, utilizam-se sondadores, que, embora não gerem imagens, têm o mesmo princípio dos sensores imageadores, mas concentram-se nas bandas de forte absorção atmosférica e com uma largura de banda bem estreita. O sondador é composto por vários canais, normalmente nas bandas de absorção do vapor-d'água, em torno de 6 μm, e do gás carbônico, em torno de 14 μm. No canal centrado na banda de absorção, praticamente toda a radiação recebida provém do topo da atmosfera. Isso se deve ao fato de que, sendo uma faixa de alta absorção, toda radiação que cada camada da atmosfera emite é absorvida pela camada logo acima e muito pouca radiação é transmitida. Logo, no topo da atmosfera essa radiação provém basicamente das últimas camadas densas da atmosfera. Como a emissão é função da temperatura do corpo elevada à quarta potência (Lei de Stefan-Boltzmann), pode-se estimar a temperatura desse nível da camada atmosférica. Ao utilizar outro canal, um pouco distante da faixa central de absorção, essa radiação já terá uma componente dos níveis médios da camada atmosférica, pois a transmissividade será maior. Ao utilizar uma faixa fora da banda de absorção, praticamente toda a radiação que chega ao sensor provém da superfície próxima ao solo e, portanto, pode-se obter a temperatura da superfície (veja exemplo na Figura 4.5). Nesta figura pode-se notar a função peso de emissão, que pondera a quantidade de radiação proveniente de cada altura. Ao utilizar vários canais, é possível obter o perfil de temperatura. Quando se usa a banda do vapor-d'água mais a informação do perfil de temperatura, pode-se determinar o conteúdo de vapor d'água, levando-se em conta o quanto da radiação foi absorvido.

Os satélites Tiros-NOAA são equipados com dois sistemas para realizar a sondagem remota da atmosfera: o *High Resolution Infrared Radiation Sounder* (Hirs, Sondador de Radiação Infravermelha de Alta Resolução), que detecta a radiação infravermelha que emerge no topo da atmosfera em 18 diferentes canais, e o *Advanced Microwave Sounding Unit* (Amsu, Unidade Sondadora Avançada de Micro-ondas), que opera na faixa das micro-ondas para a realização de sondagens em condições de céu encoberto. Os sondadores Metop, da Eumetsat, são hiperrespectrais e contam com milhares de canais.

O procedimento para obter esses perfis é baseado na inversão da Equação Integral da Transferência Radiativa. Existem diversos algoritmos computacionais para inferência dos perfis verticais de temperatura e umidade a partir dos dados de radiância obtidos por sondadores. Esses algoritmos podem ser físicos ou estatísticos, ou uma combinação de ambos. Um exemplo é o *International TOVS Processing Package* – ITPP, desenvolvido pela Universidade de Wisconsin (EYRE, 1991).

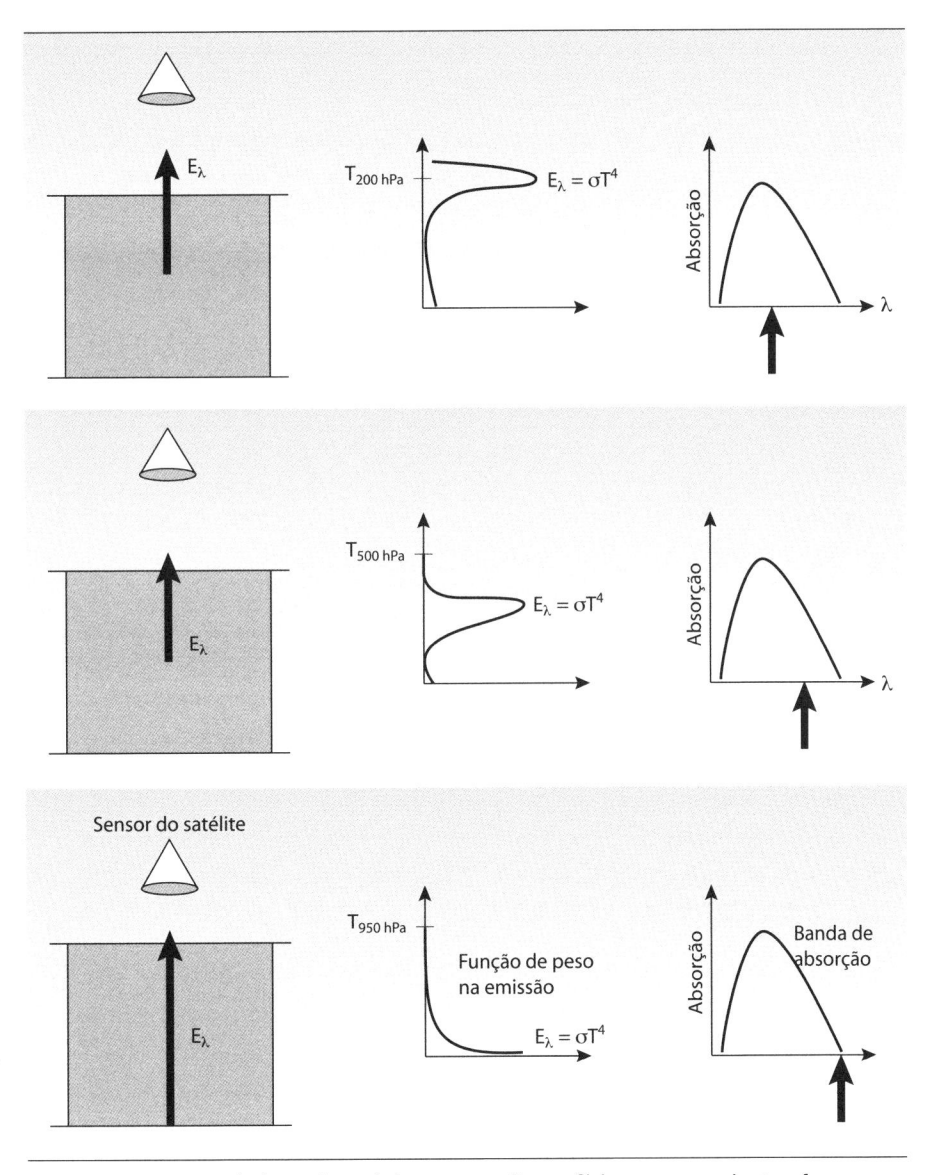

FIGURA 4.5 – Exemplo do uso de sondadores para medir o perfil de temperatura da atmosfera. E = irradiância; σ = constante de Stefan-Boltzmann; T = temperatura; λ = comprimento de onda.

A Figura 4.6 apresenta um exemplo do perfil de temperatura e umidade obtido pelo Cptec/Inpe e a partir dos dados dos sondadores da NOAA.

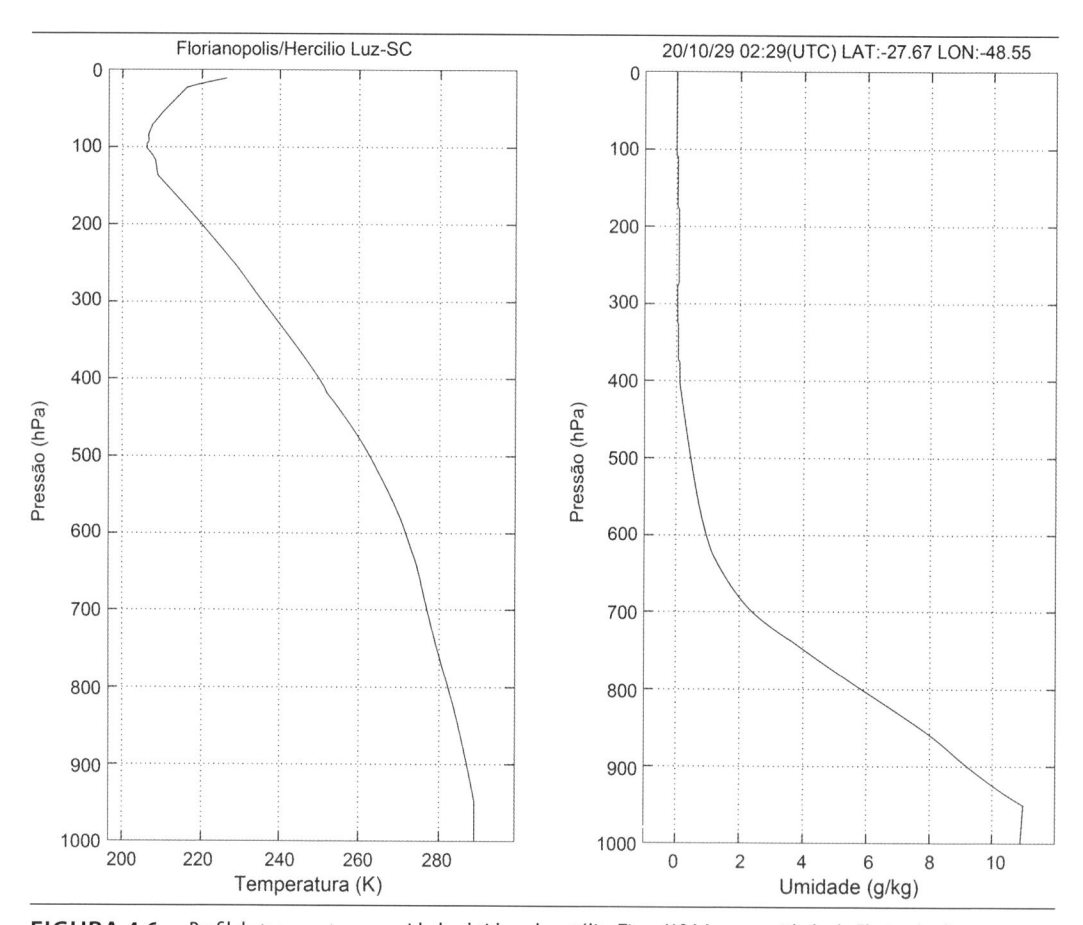

FIGURA 4.6 – Perfil de temperatura e umidade obtido pelo satélite Tiros-NOAA para a cidade de Florianópolis.

4.5   Previsão de tempo

Os satélites meteorológicos são fundamentais para a previsão de tempo e o estudo do clima. Do ponto de vista climático, eles permitem obter medidas contínuas e intercomparáveis em escala global. Do ponto de vista da previsão de tempo, os satélites permitem ter uma visão, em alta resolução temporal, de todos os sistemas meteorológicos e obter medidas atmosféricas em regiões desprovidas de informações convencionais. As imagens de satélite podem ser obtidas em diferentes canais, cada um deles apresentando uma informação específica da atmosfera. A Figura 4.7 mostra um exemplo da mesma imagem obtida em diferentes canais. Nota-se no canal visível que a informação é sobre a espessura da nuvem, enquanto no canal infravermelho a informação é sobre a altura do topo, ou seja, sobre a temperatura do topo da nuvem. Compondo informações da mesma cena a partir de vários canais é possível classificar as nuvens e descrever o tipo específico de nuvem presente na cena, e essa informação é de grande importância para o previsor de tempo.

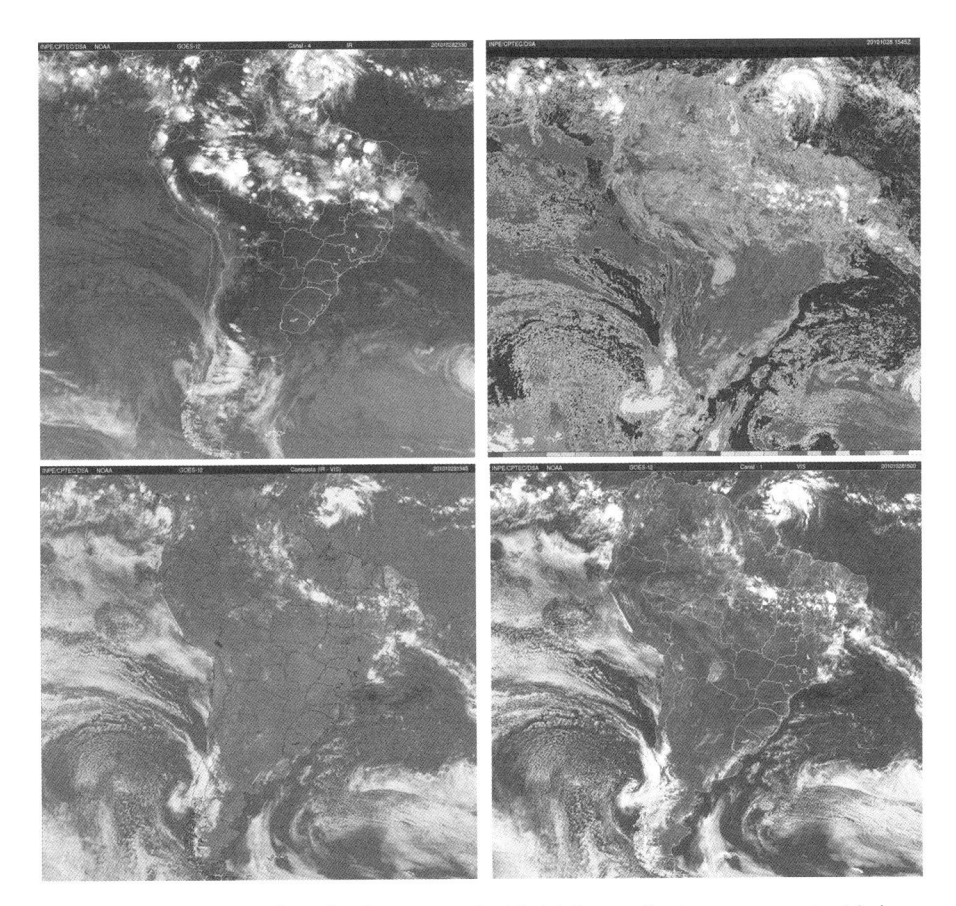

FIGURA 4.7 – Imagens do satélite Goes nos canais visível, infravermelho, imagem composta visível – infravermelho, e uma imagem classificada.

Segundo Perrela (1993), as principais propriedades de um campo de nuvens em uma imagem de satélite são: altura, brilho, textura, forma e tamanho.

Em uma imagem do infravermelho, a altura das nuvens pode ser inferida diretamente pela temperatura dos seus topos, por meio de uma escala de tons de cinza em que o branco representa a superfície fria, e o preto, a superfície quente. Na imagem do visível, as variações de brilho (reflectância do topo da nuvem) constituem a base principal para um primeiro reconhecimento das características dessa imagem. O brilho dos sistemas de nuvens depende do ângulo de iluminação solar, da posição angular da nuvem e do conteúdo de água ou gelo. Sob condições similares de iluminação, as nuvens de água (por exemplo, *Cumulus*) sempre aparecem mais brancas do que as de gelo (*Cirrus*). A configuração pode ser definida como uma organização de elementos, grupo de elementos ou massa de nuvens. A textura define o grau de rugosidade da superfície das nuvens: nuvens estratiformes são mais homogêneas espacialmente que nuvens *Cumulus*. De um modo geral, todos os tipos de nuvens variam em forma. As bordas podem ser circulares, retas, fibrosas, bem definidas, difusas. As formas e configurações são importantes para a identificação de certos tipos de nuvens ou para a análise dos processos físicos que as produzem. Como exemplos típicos, têm-se as formações celulares, linhas ou ruas de nuvens, bandas e as circulações ciclônicas. As variações no tamanho que as nuvens apresentam ao se organizarem são muito importantes na análise dos processos físicos que as produzem. Pode-se observar nas imagens de satélites desde nuvens isoladas até frentes frias. Uma característica marcante da convecção é sua organização em diversas escalas espaciais. Observam-se desde células isoladas, da ordem de poucas centenas de metros, até grandes aglomerados convectivos, da ordem de milhares de quilômetros, com ciclos de vida da ordem de dias e compostos por diferentes tipos de nuvens. O estudo do ciclo de vida dos sistemas convectivos, baseando-se na estrutura morfológica interna dos aglomerados de nuvens, é de grande importância para a modelagem atmosférica. Os Sistemas Convectivos ou aglomerados de nuvens são responsáveis pela maior parte da precipitação nos trópicos e em várias localidades de latitudes médias durante a estação quente.

Entre os vários tipos de sistemas de nuvens em mesoescala, os mais importantes são as linhas de estabilidade, caracterizadas por uma organização linear das células convectivas (por exemplo, HOUZE, 1977), e complexos convectivos de mesoescala, caracterizados por uma organização menos importante das células convectivas no interior do sistema. No caso das linhas de instabilidade, a forte organização das células convectivas favorece o suprimento de ar quente e úmido, e o forte cisalhamento vertical do vento separa as regiões de correntes ascendentes e descendentes. No caso dos complexos convectivos de mesoescala, um jato em baixos níveis em um fraco regime de ventos supre as células convectivas de ar quente e úmido (MADDOX, 1983). Esses sistemas atingem tamanhos de 200 a 2.000 km e podem ter estabilidade dinâmica suficiente para se manterem por dezenas de horas, ocasionalmente durante vários dias (VELASCO; FRITSCH, 1987; MACHADO et al., 1998).

A estrutura interna dos Sistemas Convectivos varia significativamente com a fase do ciclo de vida desses sistemas. Na fase inicial, o sistema convectivo é composto quase que exclusivamente por células convectivas, isto é, por baixas temperaturas de brilho (da ordem de 220 K) e altos valores de reflectância (maiores que 0,7). Na fase madura, fase pela qual o sistema se mantém na maior parte do tempo, ele é composto por diferentes partes: uma parte convectiva, representando aproximadamente 20% da cobertura total; uma parte chamada de transição, composta por nuvens estratiformes; e, finalmente, uma grande capa de nuvens *Cirrus*, cobrindo aproximadamente 52% da cobertura total. Embora as partes convectivas representem apenas 20% da área total, elas contribuem com aproximadamente 50% do total de precipitação; os outros 50% de precipitação são provenientes dos 80% restantes da área.

Se, por um lado, a observação das imagens e a classificação de nuvens são fundamentais para a análise sinótica e, consequentemente, para a previsão de tempo, por outro, as informações meteorológicas extraídas das imagens são de suma importância para a modelagem e previsão numérica do tempo. A previsão numérica é realizada a partir de um campo inicial tridimensional. O modelo numérico de previsão, tomando por base as propriedades físicas da atmosfera, realiza a evolução desse campo inicial para o período de tempo em que se deseja realizar a previsão. Logo, se o campo inicial não estiver correto, a previsão também não será, mesmo que o modelo represente perfeitamente os processos físicos. Para criar esse campo inicial tridimensional com informações em alta resolução, são necessários os dados de satélites. Os modelos regionais realizam previsão em uma grade espaçada da ordem de poucos quilômetros. Porém, o preenchimento dessa grade tridimensional do campo inicial, nesse espaçamento e com vários níveis verticais, somente é possível com informações extraídas a partir de satélite. O processo de juntar todos esses dados de forma espacial e temporalmente coerente chama-se assimilação de dados.

4.6   Conclusão

Embora este capítulo tenha tratado de apenas algumas aplicações dos satélites de sensoriamento remoto e ambientais, pôde-se ver a importância que essas aplicações têm em problemas de alta relevância para o País. Inúmeras outras aplicações dos satélites deixaram de ser tratadas aqui, como, por exemplo, as aplicações oceanográficas, nas quais se incluem monitoramento costeiro, cor e temperatura da água, que são de importância capital em atividades pesqueiras, previsões climáticas etc.

Ao final dessa breve exposição do histórico da conquista espacial, do programa espacial brasileiro, dos tipos de satélite, das bases conceituais de seu uso, bem como das aplicações dos satélites de sensoriamento remoto e ambientais/meteorológicos, fica patente a ubiquidade das aplicações desses recursos. O Brasil tem dado passos importantes em direção ao domínio e consolidação da sua capacidade de construção de satélites. Porém, é patente o descompasso entre a capacidade de uso dos múltiplos satélites para as mais diversas aplicações e o número de satélites próprios que temos.

Referências bibliográficas

Abiove – Soy Work Group. *Moratorium monitoring methodology for the 2010 soy crop.* 2010. Disponível em: <http://www.abiove.com.br/ english/ sustent/ms_metodologia_us_jun10.pdf>. Acesso em: 5 jul. 2010.

Adler, R. F.; Negri, A. J. A satellite infrared technique to estimate tropical convective and stratiform rainfall. *Journal of Applied Meteorology*, v. 27, p. 30-51, 1988.

Angelis, C. F. et al. Precipitation observational capabilities at the Brazilian Institute for Space Research. *Proceedings of the II International Precipitation Working Group*, Monterey, California, p. 25-28 out. 2004. 2005.

Arkin, P. A. The relationship between fractional coverage of high cloud and rainfall accumulations during GATE over the B-scale array. *Monthly*

Weather Review, v. 107, p. 1382-1387, 1979.

BARRET, E. C. The estimation of monthly rainfall from satellite data. *Monthly Weather Review*, v. 98, p. 322-327, 1970.

BELASQUE Jr., J.; FERNANDES, N. G.; MASSARI, C. A. O sucesso da campanha de erradicação do cancro cítrico no Estado de São Paulo, Brasil. *Summa Phytopathologica*, v. 35, n. 2, p. 91-92, 2009.

CÂMARA, G.; VALERIANO, D. M.; SOARES, J. V. *Metodologia para o cálculo da taxa anual de desmatamento na Amazônia Legal.* INPE, São José dos Campos, 2006. Disponível em: <http://www.obt.inpe.br/prodes/metodologia.pdf>. Acesso em: 15 maio 2010.

CANASAT. Mapeamento da cana-de-açúcar. Inpe: São José dos Campos, 2010. Disponível em: <http:150.163.3.3/canasat/>. Acesso em: 5 jun. 2010.

EPIPHANIO, J. C. N.; HUETE, A. R. Dependence of NDVI and SAVI on sun/sensor geometry and its effect on fapar relationships in alfalfa. *Remote Sensing of Environment*, v. 51, n. 3, p. 351-360, 1995.

EPIPHANIO, J. C. N.; LUIZ, A. J. B.; FORMAGGIO, A. R. Estimativa de áreas agrícolas municipais, utilizando sistema de amostragem simples sobre imagens de satélite. *Bragantia*, v. 61, n. 2, p. 187-197, 2002.

EYRE, J. R. *A fast radiative transfer model for satellite sounding systems.* ECMWF Research Dept. Tech. Memo. 176, 1991.

FATTORI, A. P.; CEBALLOS, J. C. *Glossário de termos técnicos em radiação atmosférica.* Instituto Astronômico e Geofísico da Universidade de São Paulo: São Paulo, 2006. 14p.

FEARNSIDE, P. M. Desmatamento na Amazônia: dinâmica, impactos e controle. *Acta Amazonica*, v. 36, n. 3. p. 395-400, 2006.

HIVELY, W. D. et al. Using satellite remote sensing to estimate winter cover crop nutrient uptake efficiency. *Journal of Soil and Water Conservation*, v. 64, n. 5, p. 303-313, 2009.

HOUZE, R. A. Structure and dynamics of a tropical squall-line system. *Monthly Weather Review*, v. 105, p. 1540-1567, 1977.

INPE. *Projeto Prodes: monitoramento da Floresta Amazônica brasileira por satélite.* 2010. Disponível em: <http://www.obt.inpe.br/prodes/>. Acesso em: 3 maio 2010.

INPE. *Sistema de detecção do desmatamento em tempo real na Ama-*

zônia – DETER: aspectos gerais, metodológicos e plano de desenvolvimento. Inpe, São José dos Campos, 2008. Disponível em: <http://www.obt.inpe.br/deter/metodologia_v2.pdf>. Acesso em: 12 abr. 2010.

INPE/CPTEC. *Radiação atmosférica – versão 2.0.* 2009. Disponível em: <http://satelite.cptec.inpe.br/radiacao/glossar/glossar.htm>. Acessso em: 5 abr. 2010.

JENSEN, J. R. *Sensoriamento remoto do ambiente: uma perspectiva em recursos terrestres.* Parêntese, São José dos Campos, 2009. 645p.

JRS – *Joint Research Centre.* Remote sensing support to crop yield forecast and area estimates. In: *The International Archives of the Photogrammetry*: Remote Sensing and Spatial Information Sciences v. XXXVI, n. 8/W48. ISPRS WG VIII/10 Workshop 2006, Stresa, Italy. 2006.

KINTISCH, E. Carbon emissions – improved monitoring of rainforests helps pierce haze of deforestation. *Science*, n. 316, p. 536-537, 2007.

LAURENT, H. Wind extraction from Meteosat water vapor channel image data. *Journal of Applied Meteorology*, v. 32, p.1124-1133, 1993.

LAURENT, H. et al. Extração do vento utilizando imagens de satélites no CPTEC: nova versão e avaliação com dados do WETAMC/LBA e dados operacionais da DSA/CPTEC. *Revista Brasileira de Meteorologia*, v. 17, p. 113-123, 2002.

LIOU, K. N. *An introduction to atmospheric radiation.* New York: Academic Press, 1980. 392p.

LONGO, K. et al. *The Coupled Aerosol and Tracer Transport model to the Brazilian developments on the Regional Atmospheric Modeling System* (CATT-BRAMS). Part 2: Model sensitivity to the biomass burning inventories. Atmospheric Chemistry and Physics Discussion, 8571-8595, 2007.

MACHADO, L. A. T.; LAURENT, H. The convective system area expansion over Amazônia and its relationships with convective system life duration and high-level wind divergence. *Monthly Weather Review*, v. 132, p. 714-725, 2004.

MACHADO, L. A. T. et al. Life cycle variations of mesoscale convective systems over the Americas. *Monthly Weather Review*, v. 126, p. 1630-1654, 1998.

MADDOX, R. A. Large-scale meteorological conditions associated with midlatitude, mesoscale convective complexes. *Monthly Weather Review*, v. 111, p. 1475-1493, 1983.

MARIN, F. R. et al. Balanço de energia e consumo hídrico em pomar de lima "Tahiti". *Revista Brasileira de Meteorologia*, v. 17, n. 2, p. 219-228, 2002.

NASS. Limited use for crop condition and crop yield, 2009. Disponível em: <http://www.nass.usda.gov/ Surveys/Remotely_Sensed_Data_Crop_Yield/index.asp>. Acesso em: 5 abr. 2010.

NOVO, E. M. L. M. et al. Seasonal changes in chlorophyll distributions in Amazon floodplain lakes derived from MODIS images. *Limnology*, n. 7, p. 153-161, 2006.

PANDA, S. S.; AMES, D. P.; PANIGRAHI, S. Application of vegetation indices for agricultural crop yield prediction using neural network techniques. *Remote Sensing*, v. 2, n. 3, p. 673-696, 2010.

PERRELA, A. C. F. Classificação de sistemas de nuvens. In: *III Curso de interpretação de imagens de satélites meteorológicos*. Universidade do Vale do Paraíba – São José dos Campos: Univap, 1993.

PINO, F. A. Estatísticas agrícolas para o século XXI. Agricultura em São Paulo, n. 46, p. 71-105, 1999.

PONZONI, F. J.; SHIMABUKURO, Y. E. *Sensoriamento remoto no estudo da vegetação*. Parêntese, São José dos Campos, 2007. 144p.

RUDORFF, B. F. T. et al. Studies on the rapid expansion of sugarcane for ethanol production in São Paulo State (Brazil) using Landsat data. *Remote Sensing*, v. 2, n. 4, p. 1057-1076, 2010.

SCHMETZ, J. et al. Operational cloud-motion winds from Meteosat infrared images. *Journal of Applied Meteorology*, v. 32, p. 1206-1225, 1993.

SHIMABUKURO, Y. E.; SMITH, J. A. The least-squares mixing models to generate fraction images derived from remote sensing multispectral data. *IEEE Transactions on Geoscience and Remote Sensing*, v. 29, n. 1, p. 16-20, 1991.

SHIMABUKURO, Y. E.; SMITH, J. A. Fraction images derived from Landsat TM and MSS data for monitoring reforested areas. *Canadian Journal of Remote Sensing*, n. 21, p. 67-74, 1995.

STATISTICS CANADA. Crop condition assessment program. 2010. Disponível em: <http://www26.statcan.ca/ccap-peec/start-debut-eng.jsp>. Acesso em: 4 abr. 2010.

VELASCO, I.; FRITSCH, J. M. Mesoscale convective complexes in the Americas. *Journal of Geophysical Research*, v. 92, n. D8, p. 9591-9613, 1987.

WU, Cet al. Nondestructive estimation of canopy chlorophyll content using Hyperion and Landsat/TM images. *International Journal of Remote Sensing*, v. 31, n. 8, p. 2159-2167, 2010.

YANG, F. et al. Hyperspectral Estimation of Corn Fraction of Photosynthetically Active Radiation. *Agricultural Sciences in China*, v. 6, n.10, p. 1173-1181, 2007.